Best-selling global success Inspirational classic

破解幸福密码

主 编　张艳玲

北京联合出版公司
Beijing United Publishing Co.,Ltd.

图书在版编目(CIP)数据

破解幸福密码 / 张艳玲编著. —北京：北京联合出版公司，2011.3
（2021.3 重印）
ISBN 978 - 7 - 5502 - 0174 - 3

Ⅰ. ①破… Ⅱ. ①张… Ⅲ. ①幸福 - 通俗读物
Ⅳ. ①B82 - 49

中国版本图书馆 CIP 数据核字(2011)第 041185 号

破解幸福密码

全案策划：华图书业 HUATU BOOKS
主　　编：张艳玲
责任编辑：徐秀琴
审读编辑：李雪梅
出 版 社：北京联合出版公司
地　　址：北京市西城区德外大街 83 号 9 层
电　　话：（010）65489184（发行部）
印　　刷：三河市延风印装有限公司
开　　本：1/16
字　　数：110 千字
印　　张：13
版　　次：2011 年 4 月第 1 版
印　　次：2021 年 3 月第 4 次印刷
标准书号：ISBN 978-7-5502-0174-3
定　　价：29.80 元

前　言

无论是古代还是现代，人们对于幸福的追求从未停止过。其实，生活本身的目的就是获得幸福。幸福是生活的目标和人生意义之所在，然而，幸福是什么？如何才能获得人生真正的幸福？古往今来，对于这个问题，答案众说纷纭，五花八门。

也许每个人在自己的内心都有一个关于幸福的定义。贫穷的人，觉得有钱就是幸福；生病的人，觉得健康就是幸福；辛劳的人，觉得轻松就是幸福；渴望爱情的人，沉浸在爱中就是幸福……

有人说："真正的幸福是不能描写的，它只能体会，体会越深就越难以描写，因为真正的幸福不是一些事实的汇集，而是一种状态的持续。"幸福不是给别人看的，与别人怎样说无关，重要的是自己心中充满快乐的阳光，也就是说，幸福掌握在自己手中，而不是在别人眼中，幸福是一种感觉，这种感觉应该是愉快的，使人心情舒畅、甜蜜快乐的。

幸福似乎就在我们身边，简单得触手可得，平凡得招之即来。然而，现实生活中的我们，有多少人会承认自己领悟了幸福的真谛，得到了真正的幸福？在当今时代，生活节奏加快，生存压力增大，社会诱惑繁多，因此关于幸福的界定就显得更加重要。

本书精选了一些关于幸福的精彩文章，文章篇幅短小、精悍，但含义深远，耐人寻味，告诉我们人生幸福的意义所在，帮助我们理解幸福的真谛,追求生命的真正价值,把握幸福人生应具备的生活态度和生存方式,让我们在较短的时间内遍览世界上最智慧的人对幸福的理解与看法。

对于渴望得到幸福和正在追求幸福的我们,仔细阅读,悉心品味,相信能够从中体悟到幸福的真谛,最终找到属于自己的幸福。

目录
contents

第四章 修炼内心,才能达到幸福的彼岸

第五章 放弃也是一种幸福

目录

contents

01

第一章

幸福其实很简单

其实幸福很简单，它存在于我们生活的每一个角落、每一个瞬间：父母的呵护、亲友的关心、朋友的帮助……它需要我们用心去发现、去感觉。世俗生活，日常琐屑，常常因其细微而无暇体味，结果让幸福的感觉与我们擦肩而过。我们应该伸展所有身上的情感触须，去体味幸福。

01 快乐是常态，痛苦只是小插曲

从前有一个人，他有四个儿子。他希望儿子们能学会不急于对事物下结论，于是依次派四个儿子出去，让他们去远方看一棵梨树。就这样，大儿子冬天前往，二儿子春天启程，三儿子夏天出发，而小儿子则是在秋天动身的。

等儿子们都去过回来之后，这位父亲把他们叫到一起，让他们描述各自的所见。大儿子说梨树很难看，被压得很弯，枝干扭曲。二儿子却说并

非如此，梨树绿芽初发，生机勃勃。三儿子不同意他们的看法，他说那棵梨树花苞满树、芬芳扑鼻、赏心悦目，是他见过的最美丽的事物。小儿子的意见跟他们的都不一样，他说那棵树果实累累，成熟在望，充满了生机和收获。

这位父亲说他们答得都对，因为他们都只看到了梨树生命中的一个季节。他告诉他们：不应仅凭一个季节来判断一棵树，一段时间来看一个人。最后，到所有的季节都已终结时，才能衡量一个人的本质，以及他生

命中的快乐、喜悦和爱。

这则小故事告诉我们:如果你在寒冬时放弃,你将失去春之希望、夏之灿烂、秋之收获。所以,不要让一时的痛苦毁弃你所有其他的快乐。

快乐与痛苦,是生活中永恒的旋律,谁也不敢保证自己时时刻刻都是幸福和快乐的,每个人都不可避免地会面临悲伤的时刻,比如经历失去或失败,但我们依然可以活得很幸福,只要我们正确地选择。事实上,期盼无时无刻的快乐,畏惧和逃避现实的苦难,只会带来失望和不满,进而让自己陷入痛苦之中。

一位哲人说:"苦难本是一条狗,它会在生活的某个拐角不经意地向我们扑来。如果我们畏惧、躲避,它就凶残地追着我们不放;如果我们直起身子,挥舞着拳头向它大声吆喝,它就只有夹着尾巴灰溜溜地逃走。"

生活中的苦痛是幸福的最大障碍。一个幸福的人仍旧避免不了受到噩运的挑衅,情绪上的起伏,但要保持一种积极的人生态度,因为,快乐是常态,痛苦只是小插曲。

曾有这样一个真实的故事:

格连·康宁罕是美国体育运动史上一位伟大的长跑选手,他的人生的伟大和幸福,不仅在于他取得的成绩,更在于他笑对苦难、把握命运的信心。

8岁时,一场爆炸事故使他双腿严重受伤,医生断言他此生再也无法行走。面对黯然神伤的父母,康宁罕没有哭泣,而是大声宣誓:"我一定要站起来!"

康宁罕在床上躺了两个月之后,便尝试着下床。为了不让父母看见伤心,康宁罕总是背着父母,拄着父亲为他做的那根小拐杖在房间里艰难地挪动。钻心的疼痛让他一次次跌倒,并跌得遍体鳞伤,但他毫不在乎,他坚信自己一定可以重新站起来,重新走路、奔跑。几个月后,康宁罕的两条腿可以慢慢地屈伸了。他在心底默默为自己欢呼:"我站起来了!我终于站起来了!"

这时候,康宁罕想起了离家两公里的一个湖泊。他喜欢那儿的蓝天碧水，怀念那儿的小伙伴。他心向湖泊，更加坚强地锻炼着自己。两年后，康宁罕凭借着自己的坚韧和毅力，走到了湖边。从此，他又开始练习跑步，把农场上的牛马作为追逐对象，数年如一日，寒暑不放弃。他不断地挑战自己，挑战命运。后来，他的双腿就这样“奇迹”般地强壮了起来，并成为美国历史上有名的长跑运动员。康宁罕用他的行动告诉我们：苍天不会虐待生命的热爱者，不会辜负与苦难顽强斗争的人心底执著的渴望。

萧伯纳曾经说过：“一般人只看到已经发生的事情并说为什么如此呢？我却梦想从未有过的事物，并问自己为什么不能呢？”当命运无情地和你开起笑话时，你可以甘愿被它玩弄于股掌之中，也可以选择脱离它的阴影，给心以光明的方向。

一个年轻人总是不停地抱怨生活没有让他得到他想要的一切。一天，他的师傅让他把一些盐倒进水杯中喝下，然后问他：“味道如何？”他吐了出来：“很苦很苦。”师傅笑着让他带一些盐到湖边，一路无语，到湖边后，师傅让他把盐撒进湖里，然后让他喝点湖水，问他味道如何？他说：“很清凉。”师傅说：“没有咸味吗？”他说：“没有。”师傅说：“人生的痛苦如同这些盐是有一定数量的，即不会多也不会少，我们承受痛苦的容积的大小决定痛苦的程度，所以当你感到痛苦时，就把你的承受容积放大些，不是一杯水，而是一个湖。”

有了痛苦，幸福快乐才显得弥足珍贵；有了幸福快乐，痛苦也就显得短暂和微小。而人的一生，也正因为交织着痛苦和欢乐，才充满了意义与趣味。在现实生活中，有人觉得幸福，有人深感不幸；两个人同时望向窗外：一个人看到星星，一个人看到污泥。这代表着两种截然不同的态度。

其实，幸福没有绝对的定义。幸福与否，只在于你如何看待。幸福，其实无时不在我们身边，只要我们细心去感受，敏锐地去观察，你会发现，原来幸福与我们是那么接近。

本·沙哈尔曾这样对哈佛的学生说：“总有人问我，你能帮我消除痛苦吗？人为什么要用这种态度来对待痛苦？痛苦是我们的人生经验，会让我们从中学到很多。人生的成长和飞跃,经常发生在你觉得非常痛苦的时刻。”

其实,在人生的旅途中,会面临很多痛苦之事,重要的是你如何去看待。如果你拥有积极乐观的态度,那么你肯定会有智慧和能力化痛苦为快乐,从而生活得越来越幸福。

幸福的斗争不论它是如何的艰难,它并不是一种痛苦,而是快乐;不是悲剧的,而只是戏剧的。

02 让愁容从脸上消散

人无论在什么时候,都要保持一种乐观的心态,只有这样,烦恼忧愁才会离你越来越远。俄国大诗人普希金在他的诗中写道:“假如生活欺骗了你,不要悲伤,不要心急,忧郁的日子里需要镇静,相信吧,快乐的日子将会来临。”

生活中你应该记住:快乐是你赠给自己的礼物,要把快乐当成一种习惯,让愁容从脸上消散。其实,你怎样对待生活,生活也会以同样的态度对待你。用满面的愁容来面对生活,生活也会让你满面愁容;用微笑来面对生活,即使在寒冷的冬天也会感到生活的温暖,漆黑的午夜也会看到黎明的曙光。

阿德勒是个农场主,他的心情总是很好。当有人问他近况如何时,他总是回答:“我快乐无比。”

如果哪位朋友心情不好,他就会告诉对方怎么去看事物好的一面。他说:“每天早上,我一醒来就对自己说,阿德勒,你今天有两种选择,你可以选择心情愉快，也可以选择心情不好，我选择心情愉快。每次有坏事情发生，我可以选择成为一个受害者，也可以选择从中学些东西，我选择后者。人生就是选择，你要学会选择如何去面对各种处境。归根结底，你要自己选择如何面对人生。”

有一天，他被三个持枪的歹徒拦住了。歹徒朝他开了枪。

幸运的是发现较早，阿德勒被送进了急诊室。经过18个小时的抢救和几个星期的精心治疗，阿德勒出院了，只是仍有小部分弹片留在他的体内。

6个月后，他的一位朋友见到了他。朋友问他近况如何，他说：“我快乐无比。想不想看看我的伤疤？”朋友看了伤疤，然后问当时他想了些什么。阿德勒答道：“当我躺在地上时，我对自己说我有两个选择：一是死，一是活。我选择了活。医护人员都很好，他们告诉我，我会好的。但在他们把我推进急诊室后，我从他们的眼神中读到了‘他是个死人’。我知道我需要采取一些行动。”

“你采取了什么行动？”朋友问。

阿德勒说：“有个护士大声问我对什么东西过敏。我马上答‘有的’。这时，所有的医生、护士都停下来等我说下去。我深深吸了一口气，然后大声吼道：‘子弹！’在一片大笑声中，我又说道：‘请把我当活人来医。”

阿德勒就这样活下来了。

人活着就需要有一种笑看人生的乐观心态，微笑着面对困难，面对纷繁的世俗，宠辱不惊，乐观向上。当你把自己生命中的一切遭遇都看做是美丽的风景，用一种看风景的心态来看待人生时，一切都会归于淡然和美好，也就没什么事能将你击倒。

从前在山中的庙里，有一个小和尚被要求去买油。在离开前，庙里的厨师交给他一个大碗，并严厉地警告他：“你一定要小心，千万别把油洒出来。”

小和尚答应后就下山去了。在回来的路上，他想到厨师凶恶的表情及严重的告诫，愈想愈觉得紧张。他小心翼翼地端着装满油的大碗，一步一步地走在山路上，丝毫不敢左顾右盼。

很不幸的是，他在快到庙门口时，由于没有向前看路，结果踩到了一个坑。虽然没有摔跤，可是却洒掉了1/3的油。小和尚非常懊恼，而且紧张得手都开始发抖，无法把碗端稳。终于回到庙里时，碗中的油就只剩一半了。厨师拿到装油的碗时，当然非常生气，他指着小和尚大骂："你这个笨蛋！我不是说要小心吗？为什么还是浪费这么多油？真是气死我了！"

小和尚听了很难过，眼泪"哗哗"地流了下来。另外一位老和尚听到了，就跑来问是怎么一回事。了解事情的经过后，他先安抚厨师的情绪，然后私下对小和尚说："我再派你去买一次油。这次我要你在回来的途中，多观察你看到的人和事物，并且需要跟我作一个报告。"

小和尚想要推脱这个任务，强调自己连一碗油都端不好，根本不可能既要端油，还要看风景、作报告。

不过在老和尚的坚持下，他还是勉强上路了。在回来的途中，小和尚

发现其实山路上的风景真的很美。远方看得到雄伟的山峰，还有农夫在梯田上耕种。走不久，又看到一群小孩子在路边的空地上玩得很开心，而且还有两位老先生在下棋。

这样边走边看风景，不知不觉中小和尚就回到了庙里。当他把油交给厨师时，发现碗里的油装得满满的，一点都没有洒。

高尔基说："忧愁像磨盘似的，把生活中所有美好的、光明的一切和生

活的幻想所赋予的一切，都碾成枯燥、单调而又刺鼻的恶烟。”愁容是毒药，它不但能改变我们的外表，更能腐蚀我们的心灵。而快乐是解药，它能化解我们脸上的愁容。遇到问题时，如果对自己说“事情进展良好，生活也不错，所以我选择开心”，那么，愁容自会从你脸上消失，而你肯定会快乐无比。

忧愁也好，快乐也好，都源于心境。多看看光明的、美好的、赏心悦目的事情，不是比满面愁容更让人愉悦吗？

03 给人生赋予一定的意义

人生，就是追求幸福和享受幸福的过程。人生本来是没有任何意义的，但是，每个人都有意或者无意地给自己的人生赋予一定的意义。如果一个人认为人生就是追求幸福，那么他会一生去追求幸福，他的一生就是追求幸福的一生；如果一个人认为人生就是普普通通，平平淡淡地过日子，那他的一生就是平平淡淡的一生。人生究竟是什么，完全是由自己决定的。

一位成功人士回忆他的经历时说：“小学六年级的时候，我考试得了第一名，老师送我一本世界地图，我好高兴，跑回家就开始看这本世界地图。很不幸，那天轮到我为家人烧洗澡水。我就一边烧水，一边看地图，看到一张埃及地图，就觉得埃及特别好，因为埃及有金字塔，有埃及艳后，有尼罗河，有法老，有很多神秘的东西，心想长大以后如果有机会一定要去埃及。

“看得入神的时候，突然听得背后有人问：‘你在干什么？’我回头一看，原来是我爸爸，我说：‘我在看地图。’爸爸很生气，说：‘火都熄了，看什么地图！’我说：‘我在看埃及的地图。’我父亲跑过来‘啪、啪’给了我两个耳光，然后说：‘赶快生火，看什么埃及地图！’打完后，又踢我屁股一脚，用很严肃的表情跟我讲：‘记住：你这辈子不可能到那么遥远的地方！赶快生火！’

“我当时看着爸爸，呆住了，心想：爸爸怎么这样说我呢？真的吗？这一生真的不可能去埃及吗？20年后，我第一次出国就去埃及，我的朋友都问我：‘到埃及干什么？’那时候还没开放观光，出国是很难的。我说：‘因为我的生命不能被别人设定。’自己就跑到埃及旅行。

“有一天，我坐在金字塔前面的台阶上，买了张明信片寄给我爸爸。我在上面写道：‘亲爱的爸爸：我现在在埃及的金字塔前给你写信，记得小时候，你打我两个耳光，踢我一脚，并说我不可能到这么远的地方来，现在我就坐在这里给你写信。’写的时候感触很深。我爸爸收到明信片时跟我妈妈说：‘哦！这是哪一次打的，怎么那么有效？一脚踢到埃及去了。’”

人生只有自己为之确立了目标才有意义。因为所有别人强加的意志，都很难成为一个人自觉为之奋斗的目标，人生也就没有了意义。所以，每个人都应该为自己确立一个清晰、长远的目标，并能为之不懈努力，才能最终有所成就。

在前苏联的名著《钢铁是怎样炼成的》一书中，主人公保尔·柯察金有这样一句名言："人最宝贵的是生命，人只有一次生命。"一个人的生命应该是这样度过的：

"当他回首往事的时候，不会因虚度年华而悔恨，也不会因碌碌无为而羞耻。这样，在临死的时候他就能说：我的整个生命和全部精力都已贡献给了世界上最壮丽的事业——为人类的解放而斗争。"

所以我们要让人生变得有点意义，并且要追求幸福的人生。

人的一生不可能一马平川，总会有许多坎坷，但是只要把握现在，把活着的每一天当做你生命的最后一天认真对待，你就能把握住自己的命运，追求到自己想要的幸福。

人生的意义，你必须要找到。很多人在很多问题上的迷茫，其实就是没有找到人生的意义。

所以说，我们有必要为自己确立一个生活中的目标，按照你确定的目标，朝着你心目中的理想去奋斗，去努力，那么，成功的那一刻也就是你生命中最为有意义的一刻。没有成功，也没有什么关系，在你奋斗努力的过程中，你付出了，没有终日无所事事、碌碌无为，在这个过程中，你过得很充实，很踏实，很丰富，你的人生也就是很有意义的了。

对待自己的人生其实很简单，就是每天能做自己喜欢的事，把每一件事做好。做一些你喜欢的又不伤害别人的事情，付出了，也收获了，那么人生就活出了你的精彩，你的意义。

人生道路的尽头只会留下一个"人"字，所以，能把有限的人生变得更美好，才是作为一个人的幸福，也才称得起是实实在在的幸福。

04 简单快乐，爱自己

古人有句话叫“大道至简”,用今天的话来说,就是“越是真理的就越简单”。

著名的美籍华裔数学家陈省身先生有一个很有趣的“数学人生法则”:数学的一个重要作用就是九九归一,化繁为简。在人生的过程中,往往越是单纯专一的人,就越容易在某一方面取得成功;而那些想法很多,在许多方面都一试身手的人,则往往终其一生而无所作为。一个人一生的时间是很有限的,即便你健康地活到80岁,也才有29200多天。这里面还要除去2/3用于睡眠和其他琐事的时间,还要除去童年、少年和老年的时光,其实你可以用来做事情的时间只有短短的几千天。在有限的人生中,你不可能做得太多,所以只能有选择、有方向地去努力。

简单使人宁静,宁静使人快乐,而快乐是生命不断走向高处的动力。心理学家M·N·加贝尔博士说:“快乐纯粹是内在的,它不是由于客体,而是由于观念、思想和态度而产生的。不论环境如何,个人的生活能够发展和指导这些观念、思想和态度。”

有一位名人也曾说:“困苦的日子都是愁苦;心中欢畅者,则常享丰宴。”这段话意在告诫世人应设法培养愉快之心。人们应该学会爱自己,让自己过得简单快乐。

快乐是幸福的基础。快乐也是每个人的权力与义务,不论你是富有还是贫穷,是成功还是失败。如果快乐要等到实现某个目标之后才能实现,那么你永远享受不到真正的快乐。因为一旦目标实现之后,你马上会发现下一个目标,所以你根本不可能快乐,你的烦恼反而会增加。

忧愁是生活中常见的一种消极的而且没有一点好处的情绪。它是人们共同的敌人,是人们生活、工作和健康的杀手。

大多数人之所以忧愁，是因为他们不能正确面对生活中的一些问题。忧愁总会光顾那些烦躁不安、焦虑不已、永不满足的人们，对他们来说，生活之中充满了矛盾，幸福和快乐会被担忧和恐怖代替。

理查德·夏普说："虽然只是些不值得一提的小问题，但这无形的烦恼却会带来很大的痛苦，就好比细细的一根头发就能破坏一部大型机器的正常运转一样，如果你想快乐，就不要让一些琐碎之事来影响自己的心情。要学会愉快地处理日常生活中的一些小麻烦，有意识地主动去寻找生活中的乐趣，时间久了，自然会拥有好心情。"

美国作家荷马·克罗伊曾举过自己的一个例子：以前他在家里写作的时候，常常会被公寓热水炉的声音吵得快要发疯——蒸汽"嘭嘭"作响，而后是一阵"吱吱"的声音——而他就会坐在书桌前大叫。他本想去找公寓的管理者理论，或者干脆搬走。

有一天，克罗伊与几个好朋友一起出去露营。当他们在野外做饭时，克罗伊听着木柴燃烧时发出的响亮声音突然想到：这声音多么像热水炉的响声，为什么自己会喜欢这种声音而讨厌热水炉的响声呢？如果自己以后能把热水炉的响声当做这样的声音来听，它就应该是一种很好听的声音，就不会对自己造成不良的影响了。回家以后，每当热水炉的声音响起时，他就坚持这样想。开始的时候，他还能听到热水炉的响声，不久之后，他就不再注意了。逐渐地，他的生活又恢复了正常。

人们对于快乐的追求是永远没有止境的，但快乐就像一碗盐水，你喝得越多就越饥渴。现实生活中，有些人总是不满足，因此他们总是不快乐；而有些人一天到晚总是非常开心，其中的原因很简单：后者对他们现有的生活感到很满足，于是他们快乐；前者却永远生活在抱怨之中。

据说上帝在创造蜈蚣时，并没有为它造脚，但是它仍可以爬得和蛇一样快。有一天，它看到羚羊、梅花鹿和其他有脚的动物都跑得比自己快，心里很不高兴，便嫉妒地说："哼！脚越多，当然跑得愈快。"于是，它向上帝祷告说："上帝啊，我希望拥有比其他动物更多的脚。"

上帝答应了蜈蚣的请求。他把好多好多的脚放在蜈蚣面前，任凭它自由取用。蜈蚣迫不及待地拿起这些脚，一只一只地往身体上贴去，从头一直贴到尾，直到再也没有地方可贴了，它才依依不舍地停止。

它心满意足地看着满身是脚的自己，心中暗暗窃喜："现在我可以像箭一样地飞出去了！"但是，等它一开始要跑步时，才发觉自己完全无法控制这些脚。这些脚"噼里啪啦"地各走各的。它必须要全神贯注，才能使一大堆脚不至于互相绊跌而顺利地往前走。这样一来，蜈蚣走得比以前更慢了。

其实，人也是一样，总是希望自己能够得到更多，以为拥有的东西越多，自己就会越快乐。这种想法迫使我们沿着追寻获得的路走下去。可是，有一天，我们忽然发觉，我们的忧郁、无聊、困惑、无奈及一切不快乐，都和我们的图谋有关，我们之所以不快乐，是我们渴望拥有的东西太多了。

懂得减少过多的欲望才有快乐，背着包袱走路总是很辛苦。所以，我们应该保持一颗简单的心，不要自添烦恼。将没有用的、导致我们不快乐的情绪统统减掉，还自己一颗明朗、快乐、轻松的心。

我们在生活中，时刻都在取与舍中选择，我们又总是渴望着取，渴望着占有，常常忽略了舍，忽略了占有的反面——放弃。只有降低我们的欲望，学会放弃，在现实中追求人生的目的，我们才会觉得原来生活对每个人都是公平的。适当地有所放弃，这正是我们获得内心平衡、获得快乐的好方法。

对于大多数人来说，他们认定自己有多幸福，就有多幸福。

05 幸福的生活可以很简单

幸福的生活是所有人的梦想，是需要我们用一辈子去追求的东西。可以说，绝大多数人每天都在为获得幸福而努力。但幸福究竟是什么？怎样才能得到真正的幸福？至今，仍旧没有一个人能给出一个明确的答案。

一名青年总是埋怨自己时运不济，生活不幸福，终日愁眉不展。

有一天，一个须发俱白的老人走过来问他：“年轻人，干吗不高兴？”

“我不明白我为什么老是这样穷！”

“穷？我看你很富有嘛！”老人由衷地说。

“这从何说起？”年轻人问。

老人没回答，反问道：“假如今天我折断了你的一根手指，给你100元，你干不干？”

“不干。”

“假如让你马上变成90岁的老人，给你100万元，你干不干？”

“不干。”

“假如让你马上死掉，给你1000万元，你干不干？”

“不干。”

“这就对了，你身上的钱已经超过1000万了呀！”老人说完笑吟吟地走了。

据专家说，只有大约15%的幸福与收入、财产或其他财政因素有关，而85%的幸福则来自诸如生活态度、自我控制以及人际关系等因素。

在很多人的眼中，幸福是非常虚幻、非常复杂、非常难得的东西，但实际上并非这样。幸福其实是一种谁都可以拥有的东西，是非常现实、非常简单的。简单才是幸福的本质。

现代社会中，大多数人都认为，拥有更多的金钱能让自己过得更加快乐和幸福，因为金钱可以换来权利、名誉及奢侈的享受等，这些能让他们的欲望在一定程度上得到满足；也有人认为，爱情、婚姻和家庭会令他们获得幸福，他们坚信幸福必须要靠自己去争取；还有人认为，他们的幸福和快乐在于阅读书籍、旅游休闲等，因为做这些事会让他们忘记心中的忧愁和烦恼。但事实却常常与我们的想法背道而驰。很多时候，当我们真正得到自己梦寐以求的东西，本以为可以获得快乐和幸福时，心灵却又被一些新的东西所占据，将我们还未获得的幸福和快乐驱赶开去。

人们通常认为,自己的需求得到满足就是幸福,但事实往往并非这样。因为需求常常会转变为欲望,而欲望则是一个永远也填不平的黑洞。哲学家苏格拉底说:“当我们为奢侈的生活而疲于奔波的时候,幸福的生活已经离我们越来越远了。幸福的生活往往很简单,比如最好的房间就是必须的物品一个也不少,没用的物品一个也不多。做人要知足,做事要知不足,做学问要不知足。”

麦瑞原先每天下班后不是在茶馆谈事,就是在酒吧和朋友一起 happy。在这些应酬中,麦瑞的确也得到了一些机会,但折腾了几年后,麦瑞发现这些事情非常耗费她的时间和精力,而且挣的外快也几乎都用于应酬了,所剩无几,唯一留下的是给不到 30 岁的她的眼角添了几丝操劳过度的鱼尾纹。

麦瑞终于大彻大悟,从此放弃了很多从前很看重的机会,每天下班后就按自己喜欢的方式去生活:下班后一个人回到家,洗一个舒服的热水澡,然后坐在沙发上,听着音乐,看看杂志。麦瑞说:“工作过后我们需要一个可以让自己松弛的方法。”

幸福的生活可以很简单,不需要华丽的物质,只需要有自己喜欢的人、有自己喜欢的东西即可:享受生活并不等于享受物质,重要的是要了解自己的需要。

有些人整天说自己不快乐,不幸福,却不知道是什么原因造成的。其实,很多时候,人之所以不幸福,并不是因为幸福的条件不具备,而是因为活得还不够简单。

幸福其实也是一种态度,只要你拥有正确积极的态度,随时都能得到它。所以说,一个人要想获得幸福和快乐,首先要树立正确的态度,培养良好的品质。

不要总是抱怨你的生活如何不幸福、不快乐,其实幸福与不幸福完全取决于你自己,取决于你的思想、你的态度、你的动机以及你最终的行动。

幸福是一种精神状态,它与物质的拥有量并没有多大关系。真正的幸福是非常简单的,只要你的内心能与周围的一切保持和谐的关系,你就能获得幸福和快乐。

幸福其实可以很简单,也许是饥饿时的一餐饭;也许是孤独时的一声问候;也许是离家时的一个牵挂。其实在生活中,幸福无处不在,无时不有。只要你的欲望不要太高,只要你对生活不要总是抱怨,只要你懂得珍惜,只要你懂得感恩,只要你用心去体会,幸福就会时时伴随在你的身边!

幸福原来可以很简单,它不来自金钱物质,而是来自于我们的内心,来自于我们的心灵。

06 识破幸福的假象

幸福、美满的人生,是每一个人生来就追求的。财富、地位、美满的婚姻、长寿、健康、美貌、事业成功、吃得好、穿得好、住得好等是幸福人生的实质,很多人以为得到这些,便得到了人生的幸福。其实,这种看法是片面的,为什么求学于世界著名高等学府,还会非常沮丧呢?为什么某些人越来越富有,反而更加不开心呢?本·沙哈尔这样解释:因为人们常常被"幸福的假象"所蒙蔽。幸福并不是某种固定的实体,而是一种精神与物质的统一,更多的表现在精神体验上。

美国一项统计数据显示:抑郁症的患病率,比起20世纪60年代高出10倍;抑郁症的发病年龄,也从20世纪60年代的29.5岁下降到今天的14.5岁。而许多国家,也正在步美国后尘。1957年,英国有52%的人表示自己感到非常幸福,而到了2005年,只剩下36%。但在这段时间里,英国国民的平均收入却提高了3倍。

本·沙哈尔说:"我们所处的社会环境和文化背景是这样的:假如孩

子成绩全优，家长就会给予奖励；如果员工工作出色，老板就会发给奖金。人们习惯性地去关注下一个目标，而常常忽略了眼前的事情，最后导致终生盲目追求。”

所以，幸福的本质不在于追求什么，获得什么，而在于珍惜你所拥有的一点一滴，让自己懂得享受，学会满足。

蒂姆小时候是个无忧无虑的孩子，一直过着开心的生活，但从上小学那天起，他忙碌奔波的一生就开始了。他的父母和老师经常说，上学的目的就是取得好成绩，这样长大后才能找到好工作。他们并没有告诉他学校可以是个获得快乐的地方，或者说，学习本来就应该是一件令人开心的事情。

由于害怕考试考不好，担心作文写错字，蒂姆背负着极大的焦虑和压力。他每天所盼望的只是下课和放学，他的精神寄托就是每年的假期，因为只有那时他才不需要为学校的事情而烦恼。

蒂姆逐渐开始接受大人的价值观（成绩就是成功的唯一标准），虽然他不喜欢学校，但还是在努力学习。当他成绩优秀时，父母和老师都会夸奖他，被灌输了同样观念的同学们也非常羡慕他。当升入高中时，蒂姆已经深信不疑：牺牲现在是为了换取未来的幸福。虽然他对学业和生活并无好感，但他还是在头衔和荣耀的力量推动下，全力前进着。当压力大到无法忍受时，他开始安慰自己说：“上大学后一切都会变好的。”

但事与愿违，大学生活没过几天，那熟悉的焦虑卷土重来。他担心不能在和同学的竞争中取胜，因为如果无法击败他们，将来就找不到理想的工作。

在四年的大学生涯里，他继续忙碌地奔波着，努力地为自己未来的履历表增添光彩：成立学生社团，做义工以及参加多种运动项目。他小心翼翼地选修课程——完全不是出于兴趣，仅是为了选这些科目可以获得更好的成绩。

当然这其中蒂姆也有开心的时候，特别是在完成了一些艰难的任务之后。但这些快乐完全来自于如释重负的感觉，它们并不持久，焦虑很快又会如影随形地降临。

在大四那年的春天，蒂姆被一家著名的公司录用。他又一次兴奋地告诉自己，终于可以开始享受生活了。但他很快发现，这份每周需要工作84小时的高薪工作让人充满了压力。他说服自己，现在小小的牺牲没关系，必须努力地工作，这样今后的职位才会更稳固，才会更快地晋升。像读大学时一样，他也会偶尔开心一下，因为加薪、奖金或升职。但这些满足感同样很快消退了。

在多年的努力之后，公司邀请他成为合伙人。他依稀记得当初曾认为如果有一天可以成为合伙人的话，一定会非常幸福。但是，现在当这一天真的来临，他并没有感到丝毫的快乐。

现在蒂姆作为一个知名公司的合伙人，在高级住宅区里和爱人拥有一栋豪宅，并开着名牌跑车，银行的存款一辈子都用不完，但是他并没有感受到幸福。

虽然蒂姆是如此闷闷不乐地忙碌奔波着，但是也有很多每星期工作80小时的人们，他们对工作抱有极大的热情，享受完全地投入工作之中，过得十分开心。他们从来没有规定，成功一定要以牺牲快乐为代价。“忙碌奔波型”和这些人最大的不同，就是他们不懂得如何去享受他们的工作，还坚守着根深蒂固的错误观念：“一旦目标实现，就会开心快乐。”

为何有这么多“忙碌奔波型”的人呢？最主要的原因是社会环境和文化背景：如果成绩全优，家长就会给我们奖励；如果工作表现好，就会得到奖金。我们从不会因为过程而受到奖励，能否达到目标才是衡量一切的标准。社会只褒奖成功的人，而不是正努力着的人——只看终点，而无视过程。

一旦达到目标之后，我们经常把放松的心情解释成幸福，好像工作越艰难，成功后幸福感就越强。因此当我们有这种错觉时，我们不由自主地就对这种生活方式屈服了。不可否认，这种解脱让我们感到真实的快乐，但是它绝不等同于幸福。

下面这个例子给予幸福真切的诠释：

如果把全球人口压缩成只有100人的部落，并且维持人类的各种比例我们可以看到这个部落的人员构成为：57个亚洲人、21个欧洲人、14个美洲人、8个非洲人；52个男人、48个女人；30个白种人、70个非白种人；30个基督徒、70个非基督徒；89个异性恋者、11个同性恋者；6个人将拥有全部财富的59%；80个人的居家生活不甚理想；70个文盲；50个人营养不良；1个人即将死亡；1个人即将生产。

当我们从这样一个角度来看待世界时，有一些是值得我们深思的：如果您今天早上醒来时还算健康，恭喜您，因为有100万人将活不过一个星期；如果您不曾经历过战争的危险、被监禁的寂寞、被凌虐的痛苦及饥寒交迫的处境，恭喜您，您比5亿人的命运要好；如果您可以参加宗教活动而不必担心被骚扰、逮捕、凌虐或处死，恭喜您，您比30亿人还自由；如果您还有食物吃、有衣服穿、有地方住，恭喜您，您比全世界75%的人还富有。

总之，如果我们在每个清晨都能清爽地醒来，我们就是幸福的人，就应对生命的恩赐给予感恩。叔本华曾说过：“我们很少想到自己拥有什么，却总是想着自己还缺少什么！”不要感慨你失去或尚未得到的事物，你应该珍惜你已经拥有的一切。

幸福的感觉，依托于物质的满足、成就的获得等，而它的源泉，则在于懂得知足和时刻珍惜。

幸福密码

不要忘记，被蒙蔽的幸福不是真正的幸福；不要忘记，就是瞬间沉浸在高贵的自豪中，自己亲身体验的幸福，比起在含混不清的盲信中长年醉生梦死的幸福也好得多。

07 幸福的本质是对需要的一种理解

一位刚捕完鱼，饱餐了一顿的渔夫在沙滩上晒太阳，一个富翁走过来问："这么好的天，你为什么不去捕鱼？"

渔夫说："我已经捕过鱼了，现在在享受太阳！"

富人说："那你怎么不趁着好天气多捕些鱼呢？"

渔夫反问："为什么要多捕些鱼？"

富人说："捕多些鱼你就可以拿到集市上卖，然后你就会有更多的钱。"

渔夫回答："有更多的钱做什么？"

富人说："有了更多的钱，你就可以买一艘大船去捕鱼，还可以雇佣几个帮手。"

渔夫问："买大船，雇佣帮手干什么？"

富人觉得穷人笨得很奇怪，便说："有了大船和帮手，你就可以赚更多更多的钱，你可以多买几条船，捕大量的鱼，直到卖不完，开鱼类加工公司。"

渔夫问："然后呢？"

富人说："然后赚大量的钱，多开几家公司，做董事长。再然后你就可以像我一样，能舒舒服服地在这里晒太阳了。"

渔夫笑着反诘道："我现在不正在晒太阳吗？"

据有关机构统计，在美国，有 50% 的人对自己的工作不甚满意。但哈佛博士本·沙哈尔认为，这些人之所以不开心，并不是因为他们别无选择，而是他们做出的决定令自己不开心。因为他们首先看重的是物质与财富，随后才是快乐和意义。

本·沙哈尔说："金钱和幸福，都是生存的必需品，并非互相排斥。"

对于许多正在社会上打拼的年轻人来说，工作总是困扰着他们，影响着生活的质量和心情。很多人把自己喜怒哀乐的权利，统统交给了工作，甘愿受工作影响，主要原因就在于金钱对生活的平衡。

根据美国心理学家戴维·迈尔斯和埃德·迪纳的研究证实，财富是一种很差的衡量幸福的标准。人们并没有随着社会财富的增加而变得更加幸福。在大多数国家，收入和幸福的相关性是可以忽略不计的，只有在最贫穷的国家里，收入才是适宜的标准。

人心不足蛇吞象，人是一种欲望和需求不断膨胀的动物，在满足需求和不断追求的过程中，如果你的眼里只有金钱，那你的幸福感永远不会有一个底线。

一天，一只母鸡啄来啄去，满地寻找食物，它要给自己和孩子寻找可以填饱肚子的东西。突然间，它从一堆树叶中发现了一颗珍珠，它惋惜地说："如果你的主人找到了你，他会非常高兴地把你捡起来，把你当成宝贵的财富，可我要寻找的是米粒，不是你，对我来说，你毫无用处，一文不值啊！世界上所有的珍珠，都不如一颗米粒对我有吸引力。"

一个无所事事的穷人说：有钱就是幸福。

一个匆匆忙忙的富人说：有闲就是幸福。

一个满头大汗的农民说：丰收就是幸福。

一个漂泊他乡的游子说：回家就是幸福。

一个失去双脚的残者说：能走路就是幸福。

一个失去光明的盲人说:能看见就是幸福。

一个日夜加班的工人说:不上班就是幸福。

一个德高望重的医生说:治好病就是幸福。

一个四十有几的光棍说:有女人就是幸福。

一个衣不遮体的乞丐说:有饭吃就是幸福。

一个参加高考的学生说:考上大学就是幸福。

一个北京奥运的选手说:拿到金牌就是幸福。

一个丢失孩子的母亲说:找到孩子就是幸福。

一个生命垂危的病人说:能够活着就是幸福。

古往今来,幸福在人们的观念里有着不同的内容和解释。很多人说,幸福是一种感受,是一种经过,是满足需求后的一种体会,然而,真切的幸福是对需求的一种理解。

幸福不是获得更多的金钱与财富,而是得到最适合自己的东西。幸福是可以选择的,我们在选择之前,首先要弄明白自己内心真正需要的是什么,那个能带给你快乐的东西才真正能够使你获得幸福。

幸福密码

创造,或者酝酿未来的创造。这是一种必要性:幸福只能存在于这种必要性得到满足的时候。

08 谁决定我们的幸福

有一位清洁工人,每天天刚蒙蒙亮他便开始清扫污物与尘土,清理垃圾箱,清扫大街,如此数十年如一日。站在任何人的角度上看,清洁工这种工作都不易做,它既不受人尊重,收入又不多。但令人感到吃惊的是,

清洁工的脸上却始终挂着灿烂的笑容。有一天，一位对此感到非常好奇的小伙子向他问道："难道您不累么？怎么每天您都是一副幸福快乐的表情呢？"对于小伙子的提问，清洁工的回答倒是十分简单。

"因为我在帮助地球清扫她的一角！"

这就是幸福之人所持有的心态。在这位清洁工人看来，他所做的事情并不是为"挣钱"，亦不是在"扫大街"，而是在"清扫地球的一角"。认为自己在"清扫地球一角"的心态，显然要比"挣钱"或"扫大街"更具意义。幸福之人总是将这种意义摆在首位，以这种心态来面对世界。

卡耐基有一句话："心中充满快乐的思想，我们就快乐。想着悲惨的事，我们就会悲伤。心中满是恐惧的念头，我们必会害怕。怀着病态的思想，我们真的可能会生病。想着失败，则一定不可能会成功。老是自怜的人，别人只有想法避开他。"其实他的这句话，同圣人老子说的"甘美食，美其服，安其居，乐其俗”意思相近，前者通俗易懂，后者耐人寻味。

由此可见，一个人是否幸福快乐在一定程度上与心态有关。

幸福是一种感觉，要我们放开心灵去发现，细致地体验，敏锐地感受。什么都可以是幸福快乐的源泉，只要你放开心灵，它们就会一直在你身边。

若遇到挫折，需要自我鼓励打气，自信以后定会成功；遇到悲伤的事，就学会忘记；被人激怒，学会平静……这都需要一个良好的心态，也就是换一个对自己身心有利的想法。

面临一些突发的、对自己不利的事件时，人们无法判断出事情的后果，这就需要调整自己的心态，冷静下来思考：“可能发生的最坏状况是什么？”然后准备接受最坏的状况并冷静的谋求改进之道。得到坏的结果，就用贝多芬的话来安慰自己吧：“我们这些具有无限精神而有限的人，就是为了痛苦和快乐而生的，几乎可以说：最优秀的人通过痛苦才得到快乐。”

幸福是什么，就是一种感觉，自我感觉良好，就是一种幸福。幸福是由心态决定的，学会对生活中发生的事，用幸福的、对身心有利的心态去思索，就会时时有幸福感觉。唯有积极的心态才是我们始终都要始终秉持的人生态度。

幸福密码

如果我们不能建筑幸福的生活，我们就没有任何权力享受幸福，这正如没有创造财富就无权享受财富一样。

02 第二章

追求幸福是每个人的义务

成功对于每一个人来说都不是一蹴而就、唾手可得的，幸福也是一样，它也需要我们努力地去追求。幸福的优越感会增添你生活的色彩，使你的生活、工作越来越顺意，同时也会感染你身边的人，他们会以你为榜样，抛开烦恼与羁绊，追寻属于自己的幸福。

01 理想是幸福的翅膀

有这样一个故事：

一支远征军正在穿越一片白茫茫的雪域，突然，一个士兵痛苦地捂住双眼："上帝啊！我什么也看不见了！"没过一会儿，几乎呈几何级数增加，大多士兵都患上了这种怪病，即雪盲。

这件事在军界掀起了轩然大波，直到后来，才真相大白——原来致使那么多军人失明的罪魁祸首居然是他们的眼睛，是他们的眼睛在不知疲倦地搜索世界，从一个落点到另一个落点。如果连续搜索世界而找不到任何一个落点，眼睛就会因过度紧张而导致失明。在只有白色的雪域中，士兵的目光因找不到一个落点，找不到一个确定的目标，而导致眼睛失明，致使眼前一片黑暗。

一个人不能没有目标，同样也不能有太多的目标，两者都会使你的理想找不到一个固定的落点，心灵因找不到一个确定的目标而变得盲目，致使人生陷入一片黑暗。

爱迪生10岁时迷上了化学，他在地窖里做实验，陶醉于五颜六色的试剂、炸药和毒药，以及200多个拣来的玻璃瓶。他家境贫寒，不能如愿完成学业。12岁时，他开始在火车上卖报纸，其他时间做水果、蔬菜等小生意。

他知道自己真正想做的是什么，为了实现自己的理想，他用辛苦赚来的钱买化学试剂和实验用品。他向列车长借用了一间空闲的休息室，把实验器材和药品搬到火车上，在火车上建立了实验室。

他做过4年报务员，工作繁忙，这期间，他也没有放弃自己的理想。他换了10个工作地点，其中5次被解聘、4次主动辞职，都是由于他过分迷恋实验和读书。这样,一直到21岁,他还是一个报务员。成为伟大发明家的理想不仅没有被磨灭,反而与日俱增,迟迟不成功又给他带来了强烈的危机感。他疯狂地投入"二重发报机"的实验,周围的人认为他异想天开、存心捣乱,因为"连傻瓜也知道一个人不可能同时发两份电报",但他坚信这种东西能取得成功,且能为人类造福。几年后,二重发报机终于得到人们的肯定。

但在二重发报机的研究中,爱迪生欠了一屁股债,为了躲债,他逃到了纽约。在那里,他找了一份工作,并很快当上了总工程师,继续他的实验。他没想到改变自己命运的是"普用印刷机"。这个发明被他卖给了华尔街的一家大公司,得到了40000美元的报酬,比他预期的价格高出几倍。从此,他成了自己的主人,他用这笔钱开设了工厂,为以后从事更伟大的发明创造了条件。

迈克尔·戴尔是世界著名的个人电脑生产和经销商"戴尔集团"的董事长,他29岁的时候便已成为美国的知名富豪。他的发迹既不是靠继承遗产,也不是靠买彩票中奖,而是追求自身梦想的结果。

戴尔是在美国得克萨斯州的休斯敦市长大的,父亲是一名医生,母亲是证券经纪人。受父母的影响,戴尔从小就勤奋好学,并对财富具有极大的兴趣,很早就有了自己的财富梦想。10岁时便开始尝试赚钱——在集邮杂志上刊登广告,倒卖邮票。

上高中时,他靠为报社拓展客户赚得的1.8万美元,买了一辆德国产的宝马牌小汽车。当时的汽车推销员看到这个17岁的年轻人竟然用现金付账,惊讶至极。

大学期间,戴尔经常听到同学们讨论购买电脑的事,但由于售价太高,很多人都买不起。戴尔心想:经销商的经营成本并不高,为什么要赚取那么高的利润呢?为什么不由生产厂商直接卖给用户呢?当时美国主要的电脑生产商万国商用机器公司规定,经销商每月必须提取一定数量的个人电脑,而多数经销商都无法把所提取的货全部卖掉。经销商考虑到如果存货过多,资金就会紧张,因此只能以提高电脑售价的方式来缓解电脑积压所造成的资金问题。戴尔心想，对于长时间积压的电脑，经销商肯定愿意以低价将其处理。如果自己能将这些电脑的性能做一些改进，然后以较低的价格进行销售，可能会迎合学生等低消费人群，而自己则能从中赚取一大笔差价。想到这里，他便开始筹措资金，准备试一把。

他先与当地的几家经销商联系，表示愿意以成本价购买他们的积压电脑，对于这样的生意，经销商当然乐意。于是，他便购买了经销商的一些存货，然后拿到自己的宿舍里加装配件，改进性能。这些经过改装的电脑性能良好，而且价格适中，受到广大学生的欢迎。消息一经传出，社会上也有很多人来向他求购这种物美价廉的电脑。随着需求量的增大，他个人的能力已无法应付，便找了几个人做帮手，随后注册了自己的公司，他的事业正式起步。

由于戴尔是一边上学一边创业，父母非常担心他的学业会因此受到影响，于是劝他“等大学毕业后再去创业”。但戴尔觉得机会难得，以后的竞争会越来越激烈，他最终与父母达成协议，开始全身心投入自己的事业中。

如今，戴尔集团在全世界几十个国家开设了自己的分公司，雇员已经达到上万名。戴尔电脑被销售到世界各地，每年的收入超过 20 亿美元，戴尔的个人身价也急剧上升。

可以说，人类的社会就是被理想推动向前的，想到才能做到。因为梦想着能像鸟儿一样自由飞翔，莱特兄弟发明了人类历史上第一架飞机，让人类能自由翱翔在天空的梦想向前迈进了一大步。再到后来，我们勇敢的罗杰斯先生驾驶飞机飞越了欧洲大陆，让所有的人都看到了人类飞翔的可能。

因为渴望能快速地在各地之间传送信息，电报被发明了，无线电被发明了，电话也被发明了，即使相隔千里，身处异方，我们都可以沟通无阻。

许多曾经是人类的梦想，也曾经被众人嘲笑为不可能的事情，但是，它们现在都实实在在地存在于我们的生活中了。

每个人都应有并尊重理想，且矢志为此而奋斗。

无论现在的境况如何，每个人都可以展望自己的未来，只要明天还没有来到，你就要为了明天能达成的理想而奋斗不止。

如果一个人没有高远之志，就会因为没有人生的目标而失去斗志，精神萎靡，碌碌无为甚至糊涂地度过一生。

约翰·弥尔顿在小时候，就已经梦想要写一部流传后世的伟大史诗了。他那儿时的蒙眬梦想变成了青年时代的执著追求，不论是学习还是游历或经过成年时的风风雨雨，理想的火炬从没在他的心头熄灭。他在年迈体衰、双目失明后，终于实现了少年时的梦想。历经几个世纪后，《失乐园》这部伟大史诗的优美旋律还是令人荡气回肠。这位不朽的诗人，在他弥留之际说出这样一句话："美好的梦想引导我们前行。"

但仅仅只有理想是不够的，想，壮志凌云；干，脚踏实地。理想必须付诸行动，如果没有行动，那理想永远只是空想。

理想是上帝赐予我们珍贵的礼物，让我们从无知走向文明，从愚昧走向神圣，从平凡走向高尚。如果没有理想，人类的历史必定是枯燥无味甚至停滞不前的，绝不会出现今天的高度文明。

做一个有理想，并且为之不断努力的人。正如列夫·托尔斯泰所说："理想是指路的灯，没有理想，就没有坚定的方向；没有方向，就没有生活。"

一个幸福的人，必须有一个明确的、可以带来快乐和意义的目标。

02 自信是通往幸福之路

古往今来，许多失败者之所以失败，究其原因，是因为缺乏信心。没有信心,就会使可能变成不可能,因为已经放弃了争取实现可能性的努力。高尔基曾说过:“只有满怀自信的人,才能在任何地方都怀有自信,沉浸在生活中,并实现自己的意志。”

有人说,信心是成功的一半;还有人说,信心使不可能成为可能,使可能成为现实。信心可以让人从平凡走向辉煌,当我们满怀信心地对自己说:“我一定能成功。”这时,加上我们的努力,成功便指日可待了。

人类历史上的各种杰出人物,并非个个都是“天才”,而是因为他们能在正确认识自己的基础上产生自信心。正是这种坚强的信心,使他们不畏艰难险阻,在任何情况下,都能使自身处于一种最佳状态,把全部的能量都发挥出来。

乔·吉拉德是汽车销售吉斯尼冠军,是世界上最伟大的销售员,他连续 12 年荣登世界吉斯尼记录大全销售第一的宝座,连续 15 年成为世界上售出新汽车最多的人,其中 6 年平均每年售出汽车 1300 辆。

三十五岁以前,乔·吉拉德是个全盘的失败者,他患有相当严重的口吃,换过四十多个工作仍一事无成,甚至曾经当过小偷,开过赌场。然而,就是这样一个谁都不看好,而且背了一身债务几乎走投无路的人,竟然能够在短短三年内爬上世界第一的位置,并被吉尼斯世界纪录称为“世界上最伟大的推销员”。

他是怎样做到的呢?销售是需要智慧和策略的事业。但在我们看来,信心和执著最重要,因为按照预测推断没人会想到乔吉拉德后来的辉煌!

由此可以推断,如果你的出身比乔·吉拉德强,没有偷过东西,如果你不口吃,那你就没有理由不成功,除非你对自己没有信心,除非你没有真正地努力过,奋斗过!

如果我们能正确认识自己,并且能充分发挥自己的才智,那么每个人都可能成为“天才”。

某小国与邻邦的强国交恶,双方的冲突日渐加剧,这促使小国的大使与强国的首相坐到了谈判桌上。

双方剑拔弩张，小国大使不惜以开战来威胁强国。

小国大使说："我国拥有军车 30 辆、飞机 80 架，足以攻击贵国。"

强国首相轻蔑地笑道："我们军车和飞机的数量，要多过你们 100 倍。"

小国大使也不示弱，继续恐吓对方："我国有 25000 人的精锐部队，足够占领贵国。"

强国首相大笑："我们军队的人数多过你们 100 倍。"

谈判至此，小国大使显露慌张神色，表示必须向国内请示之后，方能再谈。

当双方再度展开谈判时，小国大使的态度有了 180 度的大转变，一改前次强硬态度，转为向大国求和。

强国首相诧异对方的改变，以为小国为己方国力强盛所震撼，故意洋洋自得地问小国大使求和的原因。

小国大使神色自若地回答："不是我们惧怕你们的兵力，而是我们的国土太小，实在容纳不下 250 万名战俘。"

从小国大使的身上，我们看到了无比的自信。

人的一生不可能一帆风顺，必定会碰到许多困难。每当遇到困难情况，我们就要冷静地想一想，不妨自己跟自己谈谈，给自己施加一点压力，一旦说服了胆怯的自己，征服了懒惰的自己，就能坚定信心，走向成功。

“有志者事竟成”，其实这个“志”里也有“信心”的内涵。对人生来说，树立一个目标，孜孜以求，日积月累，水滴石穿，最终便可达到所追求的目标。世界上绝对没有不能成功的事，只有不知道成功或不愿意走向成功的人。

自信，不仅仅是对自我的肯定，更是知道如何正确地评估自我，并最大限度地开发利用自己的潜能。自信，等于敢冒险，制定并达到目标。自信会让人格更健全，更有幸福感，更容易实现自己的梦想。

当我们做某件有希望成功的事情的时候，我们的身心会非常舒畅，我们的感觉会非常快慰，这难道不就是我们所需要的快乐和幸福吗！如果拥有了自信，我们何愁没有才华和力量，何愁没有机遇和成功！

总之，活着就应该自信，自信就有活力，有活力就有希望，有希望就有快乐和幸福。

幸福永远存在于人类不安的追求中，而不存在于和谐于稳定之中。

03 战胜恐惧，追求成功与幸福

从那些成功人士身上，我们很容易发现他们的一个共同点：从来不逃避问题，不畏惧困难，不逃避恐惧。

美国著名将领艾森豪威尔将军说：“软弱就会一事无成，我们必须拥有强大的实力。”不正面迎向恐惧，面对挑战，进而战胜它，你就无法取得成功。

一天下午，艾森豪威尔从学校回家，一个同他年龄相仿的粗壮结实的男孩在后面追他。艾森豪威尔不敢迎战，只想逃跑。

艾森豪威尔的父亲看见后，冲他大喊："你为什么容忍那小子追得你满街跑？"

艾森豪威尔当即委屈地反驳说："因为我不敢还手，而且不管输赢，结果都是挨你的鞭子。""别为自己的懦弱寻找借口，去把那小子赶走！"

有了父亲这话，艾森豪威尔猛地转回身，冲向那个男孩。那个追赶他

的男孩被艾森豪威尔的突然反击吓坏了，慌忙夺路而逃。艾森豪威尔穷追不舍，一把将他抓住，并当即把他放翻在地，疾言厉色地警告说："如果你再找麻烦，我就每天揍你一顿。"

通过这件事，艾森豪威尔悟出一个道理：面对看似强大的对手时，不要胆怯和逃跑。一个人如果没有足够的勇气和信心，干什么都缩手缩脚、患得患失，害怕失败和挫折，最终的结果只能是失败。

每个人的勇气都不是天生的，没有谁一生下来就充满自信，只有勇于尝试，才能锻炼出勇气。有时困难在想象中会被放大一百倍，事实上，走出了第一步，就会发现那些麻烦与困难有时只是自己吓自己。

"我们唯一值得恐惧的就是恐惧本身，那会让我们莫名其妙地胆怯，让我们为前进所付出的努力付诸东流。"美国总统罗斯福就职演说中的这句名言就是告诉我们要克服恐惧，勇于面对一切压力与挑战。

在 1832 年的美国，有一个人失业了。他很伤心，但他下决心改行从政。他参加州议员竞选，结果落选；他着手开办自己的企业，但不到一年，

企业就倒闭了。此后几年里,他不得不为偿还债务而到处奔波。

他再次参加竞选州议员,这一次他当选了,他的内心升起一丝希望,认定生活有了转机。1851 年,他与一位美丽的姑娘订婚。没料到,离结婚日期还有几个月的时候,未婚妻不幸去世,他心灰意冷,卧床数月不起。

第二年,他决定竞选美国国会议员,结果仍然失败。但他没有放弃,而是问自己:“失败了,接下去该怎么做才能获得成功?”

1856 年,他再度竞选国会议员,他认为自己争取作为国会议员的表现是出色的,相信选民会选举他,但他还是落选了。为了挣回竞选中花销的一大笔钱,他向州政府申请担任本州的土地官员,结果遭到拒绝。

接二连三的失败并未使他气馁,过了两年,他再次竞选美国参议员,又一次以失败告终。

然而,1860 年,他成功当选为美国总统。他就是至今仍让美国人深深怀念的亚伯拉罕·林肯。

虽然林肯一生经历的十一次重大事件中只成功了两次,但凭借着他不懈的努力和追求,在多次失败的情况下依然不气馁,从头再来,最终当选了美国总统,至今仍被世人所怀念和称颂。或许他没有傲人的才华,没有惊人的智慧,但就是那种不畏惧失败,不愿放弃的品性让他走得比别人更远,获得更大的成就。

生活中没有常胜将军也没有永远的失败者,现在的胜利代表的是对你过去的肯定,但不进则退,胜利者面临着他人与自我双重的挑战;而现在的失败同样只代表过去,只要继续努力,下次的胜利就有可能属于你。

有这样一句话:假如你选择了天空,就不要渴望风和日丽。年轻人爱冒险,而冒险的首要前提就是必须克服内心的恐惧。

不断进取,敢于面对一切困难,努力克服它,战胜它,这是生存的法则。恐惧是获得胜利的最大障碍,你若失去了勇敢,你就失去了一切。

大多数人在碰到棘手的问题时,只会考虑到事物本身的困难程度,如此自然也就产生了恐惧感。但是一旦实际着手时,就会发现事情其实比想象中要容易得多。

现实中的恐惧，远比不上想象中的恐惧那么可怕，而那些臆想皆是因为我们自己内心的恐惧形成的。人最大的敌人就是自己，战胜自己才能取得成功，获得满足，这也是人生幸福的一种。

幸福不在于拥有金钱，而在于成功的喜悦和创造的激情。

04 认识自我，让梦想成真

“知己知彼，百战不殆。”想要在竞争中获胜，就必须对自己和对手都有详细的了解，而认识自我是必不可少的，只有认识自我从而挑战自我、超越自我，才能处于无往而不利之地。但往往，认识自我比认识他人还要困难。

假如没有镜子，不去河边、井底照照的话，或许人们永远不会知道自己长什么样子。同样，人不去自视自己，内省自己，不认认真真坐下来想一想，也难以对自己有一个正确的审视。

一个人应该听从内心的指引，树立正确的评价自身与他人的标准，并坚持这个原则。在现实生活中，很多人恰恰相反，他们的内心异常浮躁，面对着诸多的新鲜事物，渐渐找不到自己的位置，把握不住内心的标准，常常拿自己与别人比较，看到的却都是别人的美好与幸运，并总希望那些美好与幸运能为己有，却很少想到通过自身的努力来改变现状。我们必须要明白的是，每一个人都是以独立的个体而存在，都有自己的特长，行为处事的方式，与别人不同的社会、生活背景。别人的就是别人的，而你自己的只能靠你自己去争取。

丹麦童话作家安徒生笔下的丑小鸭，当它刚刚破壳而出的时候，生得很瘦小，那些自以为是的鸭子根本瞧不起它。它默默地、日复一日地坚持训练自己，最后终于在一个早晨振翅飞向蓝天，掠过长空，那洁白的羽毛、端庄的体态使人们赞叹不已。

古往今来，功名显赫的人激起多少人的羡慕、钦佩，当这些人站在人们面前时，使人感到其浑身上下都有一种人格魅力，然而翻开他们的奋斗史，几乎都有过“丑小鸭”的坎坷经历，他们善于把自己的缺陷当作人格大厦的铺垫，从而铸就了不屈的奋斗个性。从每一个成功事例中，我们都可以悟出这样一个哲理：“认识自我”是人类智慧的表现，“改变自我”是成功人生的敲门砖，只要敢于突破自己那颗脆弱的心，拿出行动，你就能超越自我，变成世界上最美丽、最有活力、最具价值的人。

认识自我是为了进一步地提升自我，但认识不能是盲目的认识。

有一天，一只秃鹰从王宫上空飞过，看到一只黄莺备受国王的宠爱，每天好吃好喝，且地位尊贵。于是，他就问黄莺：“为什么国王如此宠爱你呢？”

黄莺回答：“我自幼就有一副好嗓子，到了王宫后，唱歌越发动听，国王非常喜欢听我唱歌，于是十分喜欢我，也经常拿珠宝来打扮我。”

秃鹰看着穿金戴银的黄莺，心中艳羡不已，他想：“我的资质并不比黄莺差，学学她，说不定国王也会喜欢上我的。”于是它就飞到国王睡觉的地方，开始叫起来，以求吸引国王的注意。不巧的是，国王正在酣睡，听了秃鹰的叫声，噩梦连连，于是叫下属看看是什么东西在叫。属下去了回来报告说是一只秃鹰不知道为什么在叫。国王愤怒不已，吩咐手下去把秃鹰抓下来，并命令拔光它的羽毛。

秃鹰浑身疼痛，满是伤痕地回到了鸟群中。

古人云，识时务者为俊杰，我们每个人都有自己的特点，都有自己独特的智能。如果盲目去模仿别人，只会伤害自己。秃鹰如果正确地认识自己，它的结局肯定不是这样。

尼采曾说过：“聪明的人只要能认识自己，便什么也不会失去。”在每个人的心底都存有强烈的热望，人心又无止境，然而，每个人是否都能够实现自己的理想和愿望呢？恐怕只有少数的成功者能够做到。之所以会是这个结果，其根本原因就是许多人不了解自己，甚至缺乏自知之明。

处于社会中的我们，总会被别人的看法、眼光、意见等影响，又会受自己内心的欲望、意念所支配。很多时候，我们都很难客观地评价自己的实力，真正地认清自己，给自己选一条最适合自己的路。

前哲说："人贵有自知之明，更贵能发现自己的价值和优势。"在成功心理学家看来，判断一个人是不是成功，最主要的是看他是否最大限度地发挥了自己的长项或优势，最快速地实现自己的价值。

奥托·瓦拉赫在上中学时，父母曾为他选择了文学这条路，但只上了一学期，老师就在他的评语中给出结论：该生很用功，但过分拘泥，这样的人即使有着完善的品德，也绝不可能在文学上有所成就。

于是他又改学油画，谁知他既不关心构图又不会调色，对艺术的理解力也很差。后来，还是化学老师发现他做事一丝不苟，具备做好化学实验应有的品格，建议他改学化学。

这一次，他智慧的火花被点燃了，其化学成绩在同学中遥遥领先，最终获得了诺贝尔化学奖。

其实，我们一生所做的努力就是要达到自己的最高标准，不论是在事业上，还是在生活中。如若对自己现在的工作不满意，就要以诚实的态度对待自己，在工作中投入更多的精力，用正直的态度对待自己的愿望和周围的人，时刻保持一种乐观向上的精神，为自己也为身边的人创造积极的环境。而这一切的认识本身源于你究竟有没有认清自己，有没有认识到自身存在的价值。唯有先认清自己，才能找到正确的出发点，基于这一出发点，朝自身的理想之地奋进，才能造就一个不同凡响的自我。

认清自己比注视别人更重要。只有认清自己了，才不会在波诡浪谲的生命大海上迷失航向，才不会在一味地模仿中失去自我；也只有认清了自己，才会梦想成真。

幸福的大秘诀是：与其使外界的事物适应自己，不如自己去适应外界的事物。

05 平庸是幸福的大敌

在单调而平庸的状态下生活，是一个人最大的悲哀。平庸的生活不仅不会实现人生价值，更重要的是索然无味，让人感受不到快乐和幸福，失去了生活的意义。消极的态度是生活平庸和单调的根本原因。

人不可能在平庸中找到快乐，反而会经常被忧虑和烦恼所困扰。平庸中，你会难以发现自身的优势，你会不自信，不愿主动与人交往。而你越是这样，情况就越糟糕，态度就越消极，从而形成一个恶性循环。

改变平庸的生活，首先要让生活丰富充实起来。生活本是丰富多彩的，关键在于你有没有一双善于发现的眼睛，有没有改变现状的决心，只要你能改变自己的态度，积极主动起来，生活成分就会变得阳光灿烂。

从前有两个年轻人，一个叫小山，一个叫小水。他们住在同一村庄，是很要好的朋友，由于居住在偏远的乡村谋生不易，他们就相约到外地去做生意，于是两个人带着所有的财产和驴子出发了。

他们首先抵达一个生产麻布的地方，小水对小山说："在我们的故乡，麻布是很值钱的东西，我们把所有的钱换取麻布，带回故乡，一定会有利润的。"小山同意了，两人买了麻布细心地捆绑在驴子背上。

接着，他们到达了一个盛产毛皮的地方，那里也正好缺少麻布，小水就对小山说："毛皮在我们故乡是更值钱的东西，我们把麻布卖了，换成毛皮，这样不但我们的本钱回收了，返乡后还有很高的利润！"

小山说："不了，我的麻布已经很安稳地捆在驴背上，要搬上搬下多么麻烦呀!”

于是,小水把麻布全换成毛皮,还从中多赚了一笔钱,而小山依然带着他的麻布。

他们继续前进,走到一个生产药材的地方,那里天气苦寒,毛皮和麻布都非常稀缺。小水就对小山说:“药材在我们故乡是更值钱的东西,你把麻布卖了,我把毛皮卖了,换成药材带回故乡一定能赚大钱的。”

小山拍拍驴背上的麻布说:“不了,我的麻布已经很安稳地捆在驴背上,何况已经走了那么长的路,卸上卸下太麻烦了!”而小水则把毛皮都换成了药材,又赚了一笔钱。小山所得的依然只有一驴背的麻布。

后来,他们来到一个盛产黄金的地方,那里却是不毛之地,非常欠缺药材,当然也缺少麻布。这个时候,小水再次提醒小山说:“在这里药材和麻布的价钱很高,黄金很便宜,我们故乡的黄金却十分昂贵,我们把药材和麻布换成黄金,这一辈子就不愁吃穿了。”

而小山却不听劝,再次拒绝道:“不!不!我的麻布在驴背上很稳妥,我不想变来变去呀。”小水卖了药材,换成黄金,又赚了一笔钱,小山依然守着一驴背的麻布。

最后,他们回到了故乡,小山卖了麻布,只得到蝇头小利,和他辛苦的远行不成比例。而小水不但带回一大笔财富,还把黄金卖了,成了当地最大的富豪。

思维方法和思维模式有时候也会成为一个人办事成败的关键,也是改变生活平庸现状的起点。所以,要学会在适当的时候适当地变通,换一种思维方式,追寻生活的多彩,就会很快地走向成功、拥有幸福。

每个人都有自己的兴趣、爱好。很多时候,一个人的活力和潜力就隐藏于兴趣之中。有人说兴趣是最好的老师,只要你积极地将自己的热情灌注到自己的兴趣之中,改变对待生活的态度,那么生活就不会是你想象的那样苦闷,而会变得明朗起来。

快乐的生活来自于自己的经营和调节,因此我们要善于激发自己对生活的热情,积极地培养自己的兴趣,调整自己的生活态度。

生活中没有快乐和热情的人，需要改变；平庸无能、消极颓废的人，更需要改变。改变平庸的生活需要决心和勇气，而首先要做的就是改变消极的态度。

珍妮·弗罗曼是哥伦比亚布罗道演员协会的一名歌星，她就从未放弃过童年时期形成的、积极求胜的法宝。在读大学的时候，她想到圣路易斯听歌剧。而按照校方规定，学生不能旷课外出，任何人若想离开校园，或是探望亲朋好友，必须事先获得校方的批准。于是，她就直接去找系主任，说明自己的想法。系主任马上肯定地告知她，他不会为了珍妮一己之便而修改学校的规章制度。但他随后微笑着邀请珍妮作为他和他太太的贵客，一起去欣赏歌剧，珍妮就这样如愿以偿了。也许有人会认为这只是一次幸运的例外，但珍妮·弗罗曼并不是这么认为的。她从中领悟到了积极生活的力量，她开始争取自己想要的一切。

二战期间，珍妮在葡萄牙里斯本附近的一次撞机事件中身心备受伤害。她渴望回家，可是当时交通不畅。在近乎绝望的时候，她给当时的总统罗斯福写了一封简短的信，信中描述了自己身处的困境，请求总统想办法让她回家治疗。最后，她连收拾行李的时间都没有就坐上了总统为她派来的专机！

回到家乡后，珍妮经历了一系列的手术，身体康复后她又开始想要买一辆汽车。别人告诉她，这是不可能的，因为当时汽车供不应求，有成千上万的人都在等着买车，而且出价要比实际价格高出许多。珍妮又一次主动出击，给素昧平生的汽车生产厂家的总裁写信说，她想要买一辆该公司生产的汽车。她得到的回复只有一个问题——您喜欢什么颜色的车？

假如珍妮是一个否定自我或者消极被动的人，那她就听不成歌剧，也不能幸运地回到家中并及时医治身上的伤痛，更买不到自己想要的轿车了，然而，她并没有说“我不行”。

如果我们像珍妮·弗罗曼当年一样，像那些屡有成功经验的人们一样，抱着积极的人生态度，有战胜自我的决心，有改变现状、追求进步的勇气，就一定能够让自己的生活变得充实起来，使自己的人生价值得到实现。

正像我们无权只享受财富而不创造财富一样，我们也无权只享受幸福而不创造幸福。

06 坚持走自己的路

人们都梦想着自己成为天才或者伟人，但是，伟人只是人类中的极少一部分，他们的伟大是相对于平凡而言的。实际生活中，大多数人只局限在一定的活动范围之内，从人群中脱颖而出，成为伟人的几率是微乎其微的。但是，做一个正直诚实、光明磊落的人，最大限度地发挥自己的能力，实现自身的价值，这是人人平等的，也可以体现出人生的意义。

艾伦娜在1996年登上了美国《财富》杂志名人排行榜，而且还是排行榜中唯一一个白手起家的富人。在她刚刚起步时，许多人都认为她不可能在这个领域取得任何成绩。

1973年，艾伦娜还在美国上大学学习计算机专业的时候，就产生了一个念头，那就是在拉丁美洲销售计算机。在当时，美国个人计算机的价格在8000美元左右，而拉丁美洲的个人计算机价格却要昂贵得多。1980年，她将自己的想法和许多主要的计算机公司的高层进行交流，并请求给她一个机会，在拉美国家销售他们的计算机。

但是，计算机销售执行经理们却无一例外地给她泼了冷水：拉丁美洲正处于经济危机之中，许多国家都十分贫穷，那儿的人们没有钱来买计算机。因此,拉丁美洲的市场太小了,根本不值得他们去开拓。

然而,艾伦娜并不这样认为。她觉得,即使这个市场只有100万美元的承受能力,对我来说也已经足够了,我能从中挣到钱。而且由于它很小,所以不会有什么人去竞争这个市场。

只有23岁、没有任何销售和市场经验、是个女性,这些是她见过的经理们为她定义的三个不利因素。但是,她却清楚地知道两件事:一是在美国计算机比较便宜,二是拉丁美洲需要便宜的计算机。她满怀希望而又乐观地与一位银行家接触,这位银行家认为这简直是个愚蠢的行为,他们不会为之提供任何贷款,劝艾伦娜打消这种天真的想法。艾伦娜不死心,她试着直接与代理商联系,许多代理商根本就不想见她,只有两个人带着怀疑听了她的想法,但也不认为她的方法可行。她问这两个人:"你们现在在拉丁美洲的销售额是多少?"他们说:"零,一点没有。"艾伦娜对他们说:"我能每年在拉丁美洲销售你们公司1万美元的产品。"

为了达到目的,艾伦娜不得不答应所有订货必须预先付款。就这样,一家计算机公司在没有承担任何风险的情况下,给了她9个月的境外代理商资格。

由于没有任何的销售推广经验,艾伦娜所有行动的向导就是坚信自己的目标和信念。她在哥伦比亚下了飞机,住进了一家宾馆。来不及休息,她立即拿起了当地的电话号码本,开始给当地的计算机零售商们打电话。

出人意料,第二天,艾伦娜被约会塞得满满的,她飞奔着赶往一个个约会。那个时候拉美的思想还比较保守,商人们不习惯与一个女性做生意,而且还是一个这么年轻的女性。他们跟艾伦娜说:"你还是找你们的男主管来和我们谈吧,你这么年轻,还是个女的,怎么能行。"但是艾伦娜用自己的才能和言行征服了这些拉美的零售商,让他们心悦诚服。

在三个星期的行程中,艾伦娜如旋风般穿行于厄瓜多尔、智利、秘鲁和阿根廷。在每个国家,她都用同样的办法来推销她手上的产品。

“我原本计划销售 1 万美元的产品，出乎意料的是，我仅用三个星期的时间，就接到了价值 10 万美元的订单和预先付款的现金支票。”艾伦娜回忆说。

渐渐地，艾伦娜的销售额超过了百万美元，甚至达到几百万美元。在其后的五年里，艾伦娜的销售额上升至令人震惊的 1500 万美元。就这样，她成立了自己的公司，继续开展这方面的业务，三年后销售额达到 7000 万美元。

后来，艾伦娜又组建了一个新的公司开始向非洲销售计算机。市场专家们又一次告诉她非洲太穷了，根本就不适合销售个人计算机。那时的艾伦娜早已经习惯这些消极的反应了。她认为这些专家们的目光非常短浅，相信自己对未来趋势的预见。1991 年，她仅仅带了一份产品目录和一张地图就乘飞机到了肯尼亚首都内罗毕，开始了她的销售活动。她住进宾馆后，又拿起电话号码本开始联系当地的经销商。两个星期后，她带着 15 万美元的订单飞了回来……

一些年轻人，在刚刚步入社会时，大多拥有自己的想法，给自己设计了诸多条功成名就的道路。然而，相当一部分人没用多久，在压力、现实及旁人言语左右下，高高地举起双手屈服了。

但丁有言：走自己的路，让别人说去吧。很多特立独行的成功者在走自己的道路的过程中，总会听到别人不同的意见，但他们对自己的信念始终坚定不移，当别人对你的行为抱有怀疑甚至是反对的态度时，坚持自我的意见，才能有更大的突破。

因此，你不必过于在意别人的看法，别人的意见只能拿来做一下参考。用心思考，你会发现，几乎每一个成功的故事都源于一个伟大的想法，而故事的主人公无一例外地会遇到怀疑和困境，但他们之所以能够成功，就在于他们能够使这些杂音在头脑中沉寂下来，让自己静静地倾听真正的声音，然后义无反顾地大踏步前行。

只要你有一件合理的事去做,你的生活就会显得特别美好。

07 学会等待

大仲马说:人类的一切智慧是包含在这四个字里面的:“等待”和“希望”。想要成就一番事业,如果时机不到,就要等待。而等待需要有坚定的毅力来把握自己的心境,克服浮躁,使内心归于平静。

曾国藩年轻时,说话办事快言快语,不计后果。当他年龄稍长之后,便对这个坏习惯深恶痛绝,决心改正。随着年龄的增长,他终于把自己修炼成了“眼作三角形,常如欲睡,而绝有光”的境界,读书时,一本不读完,绝不换另一本来翻看,即使没有什么兴趣,也不会半途放弃;看人时,两眼紧盯,若有所思,但嘴上绝不说话,一定要等观察结束时,想好了应对之词,才慢慢开口,这时的曾国藩显然已经有了足够的耐心。

成功必须包含等待,没有学会等待的追求难以成功。所以,耐心对于一个人很重要,机会会在你耐心等待的时候出现在你面前。

有个年轻的小伙子,缺乏耐心,做什么事情都很急躁。有一次他与情人约会,去得太早了,姑娘还没来,他站在大树下面长吁短叹:“为什么连约会都要等待呢?做什么事都让人不开心!”

正在这个时候,一个神仙出现在他的面前,给了他一个表,说:“当你想要时间变快的时候,只要拨动表针,就可以事如所愿。”

小伙子高兴极了,他把表针向前拨动了一小格,情人马上出现在了眼前。他想:“如果现在能结婚就更好了。”于是他又转动了一格。婚礼上,他和情人并肩而坐,悠扬的音乐和醉人的美酒都出现了。

他又想:“现在如果就是洞房花烛夜多好呀!”于是他又转动了钟表。

屋子里就只剩下了他们两个人。

他心中的愿望层出不穷，于是不停地拨动钟表，得到了房子、吵闹的孩子，还有树上丰硕的果实……

时间就这样飞快地过去了，生命很快就要走到尽头了。临死之时，他开始后悔自己以前做任何事都那么急切，还没有认真享受生活，生命已经走到了尽头。如果可以重新来过，他一定可以等待的，但是后悔已经晚了，因为那个神仙告诉过他，那个钟表只能向前转不能向后转。他躺在床上后悔莫及，痛哭流涕。

就在这时，可爱的情人突然出现在他的眼前，她还是那么年轻美丽。周围鸟语花香，蓝天白云，小鸟悠闲地在草地上吃虫子，好可爱的一天呀！原来刚才的情形只是一场梦。

他高兴地跳起来，拉着情人的手说："亲爱的，等你真是一种幸福！"

缺乏耐心的人总是不能全神贯注地做一件事情，而这产生的根源主要在于实践太少，社会经验欠缺，同时也是因为自己的志向没有树立，决心不够坚定，缺乏毅力。

李白靠铁杵磨成针的恒心终成一代文豪，曹雪芹用20年的艰苦努力完成一部《红楼梦》，他们的耐心令人佩服。

当一个人暂时尚不足以完成某一件事时，要学会等待和积累。因为，急于求成永远不会获得想要的结果，在找寻幸福的道路上，如果你没有耐心去等待幸福的到来，那么你只好用一生的耐心去面对失落。等待可以丰富生命的底蕴，升华人生的内涵，使我们更加渴望未来，从而使我们倍加珍惜来之不易的结果。等待的过程也许是寂寞的，但只要心存目标，寂寞的等待不仅不会消磨我们内心的激情，反而能把它燃烧成一种持续而久远的幸福。

严肃的人的幸福，并不在于风流、游乐与欢笑这种轻佻的伴侣，而在于坚忍与刚毅。

03

第三章

别让幸福远离我们

幸福不是奢侈品，不是只供少数人享用的专利。幸福就像阳光、空气一样，存在于每个人的身边，随时供人享用。善用幸福的人，每时每刻都能感受到幸福的存在；而那些不知道幸福为何物的人，却因一声声抱怨而使幸福离他而去。

01 生活不会一帆风顺，要学会坚持

幸福是一个永恒的话题。每个人都有自己的幸福。孩子眼中，得到一个新朋友，考试得了满分，是幸福；医生眼中，病人康复，不治之症有所突破是幸福；商人眼中，股票暴涨，财运亨通，是幸福……然而，这些幸福都必须取决于坚持的态度，坚持到底才会幸福。

这个世界，这个时代，喧嚣和浮躁仿佛大行其道，对于许多人来说，坚持就变成一件最难的事。很多人有好的开始，无论是生活、工作或情感，然而当他们遭遇意外、挫折或失败时，当他们受到命运的摧残或打击时，就会变得心灰意冷，冷漠麻木，会放弃希望和追求，随波逐流。于是，很多人的生命不再绽放光彩，很多人的生活普通平庸，很多人自我沦落和放逐，很多人甘于无聊和寂寞。

其实，很多时候，只要他们能再坚持一下，一切，生活中的一切，就会大不相同甚至截然相反。然而，很多人却选择了放弃。他们就像一个临阵脱逃的逃兵，而生活就像一段半途而废的旅程。

有一个著名的推销大师，即将告别他的推销生涯，应行业协会和社会各界的邀请，他将在该城的最大的体育馆，做一场告别职业生涯的演说。

那天，会场座无虚席，人们在热切地、焦急地等待着那位当代最伟大的推销员做精彩的演讲。当大幕徐徐拉开，舞台的正中央吊着一个巨大的铁球。

一位老者在人们热烈的掌声中走了出来，站在铁球的一边。他穿着一件红色的运动服，脚下是一双白色胶鞋。

人们惊奇地望着他，不知道他将做些什么。

这时，两位工作人员抬着一个大铁锤，放在老者的面前，主持人对观

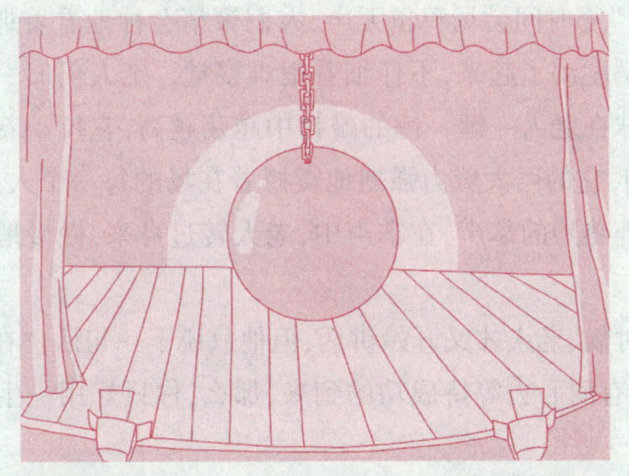

众说:“请两位身体强壮的人,到台上来。”台下好多年轻人站了起来,两名青年快速地跑到台上。

老人开始和他们讲规则,请他们用这个大铁锤,去敲打那个吊着的铁球,直到把它荡起来。其中一个年轻人抢着拿起铁锤,拉开架势,抡起大锤,全力向那吊着的铁球砸去,一声震耳的响声,那吊球没动。他又用大铁锤接二连三地砸向吊球,很快他就气喘吁吁。另一个人也不示弱,接过大铁锤把吊球打得叮当响,可是铁球仍旧一动不动。

台下逐渐没了呐喊声,观众好像认定那是没用的,等着老人做出什么解释。

会场恢复了平静。老人从上衣口袋里掏出一个小锤,然后认真地面对着那个巨大的铁球,用小锤对着铁球“咚”地敲了一下,然后停顿一下,再一次用小锤“咚”地敲了一下。人们奇怪地看着,老人就这样“咚”地敲一下,然后停顿一下,如此循环往复地敲下去……

10 分钟过去了,20 分钟过去了,会场早已开始骚动,有的人干脆叫骂起来,人们用各种声音和动作发泄着他们的不满。老人仍然一小锤一小锤地敲着,他好像根本没有听见人们在喊叫什么。人们开始愤然离去,会场上很快出现了许多的空缺。而剩下的人们好像也喊累了,会场渐渐地安静下来。

大概在老人敲到 40 分钟的时候,坐在前面的一个妇女突然尖叫一声:“球动了!”霎时间会场鸦雀无声,人们聚精会神地看着那个铁球。那球以很小的摆度动了起来,不仔细看很难察觉。老人仍旧一小锤一小锤地敲着。铁球在老人一锤一锤的敲打中越荡越高,它拉动着那个铁架子“哐、哐”作响,它的巨大威力强烈地震撼着在场的每一个人。终于,场下爆发出一阵阵热烈的掌声,在掌声中,老人转过身来,慢慢地把那把小锤揣进兜里。

直到这时候,老人才又开始讲话,但他只说了一句话:“在成功的道路上,如果你没有耐心去等待成功的到来,那么,你只好用一生的耐心去面对失败。”

生活中,我们有时候因为遭受失败和挫折而太急于选择放弃,致使最终落得个失败的结局。常言道:坚持就是胜利,人贵有坚持到底的毅力和勇气。请记住:坚持一下,再坚持一下,我们就能走出困境,取得成功,最终收获幸福。

成功学大师卡耐基曾说:“弄清楚你真正想要什么,如果是可能的,那么就集中全力去做,不达目的誓不罢休。”为人处世,一般最艰难的时刻,是最令人难以忍受的,但也是最接近成功的时候。只要你不半途而废,不断总结失败的教训,成功很快就会到来。

一个人如果能全身心地投入到一项可以让自己幸福的事业之中,他就一定会有所收获。如果他本身就具有良好的能力并且坚持的话,他的收获就会更大。

古希腊哲学家苏格拉底曾给学生们布置了这样一道作业题:每天把胳膊分别向前、向后甩300下。同学们认为这再简单不过了,都痛快地答应了。

一周以后,苏格拉底问起这道作业的执行情况时,90%的同学都骄傲地举起了手,他们每天都坚持做了。又过了一个月之后,只有80%的同学仍然在坚持。

一年以后,当苏格拉底再次问起时,全班却只有一人高高举手。这位举手的人就是后来的又一位伟大的哲学家柏拉图。

伟人和凡人的差别就在于此。

我国著名的配音演员李扬被戏称为“天生爱叫的唐老鸭”。他的艺术之路是充满了坎坷的。

李扬初中毕业之后报名参了军,在部队中成了一名工程兵。他日复一日的工作内容是:挖土,打坑道,运灰浆,建房屋。可是李扬心里明白,自己的潜力还尚未被完全挖掘出来:因为他一直十分喜爱影视艺术和文学艺术。

在世人眼中,李扬所从事的这两种工作简直是风马牛不相及。但幸运的是,李扬十分自信,他一定要找机会将自己在艺术方面的潜力挖掘出来呈现给世人。

于是,他一有时间就读书看报,遍览各种名著剧本,并且在闲暇时间尝试着搞文学创作。退伍后,李扬成为一名工人,但是他始终也未曾放弃对艺术的执著追求。1978 年是一个改变众多年轻人命运的年头,这一年高考恢复招生了。李扬凭借自己多年自学的积累顺利地考上了北京工业大学机械系,一跃成为大学生。环境的改变,使他有了很多的从事艺术行业的机会。

经朋友介绍,他在大学期间参与了数十部外国电影的配音工作。他凭借自己独特的声音,得到了为电视剧《西游记》配音的工作,并且获得了广泛的好评,终于,机遇之神降临了。1986 年初,李扬迎来了自己艺术生涯的巅峰时期。当时引进了美国迪士尼公司的动画片《米老鼠和唐老鸭》,需要招聘汉语配音演员,李扬因为自己独特的嗓音被迪士尼公司看中,于是才有了可爱滑稽的唐老鸭的配音,从此李扬一举成名。

李扬在后来回忆自己的艺术之路时说,自己之所以能取得成功,是因为自己一直在努力,无论别人怎么说,可是自己从来没有放弃过。

每一个成功的人都知道,取得成功并不是一个简单的过程,它需要你用无比坚强的意志,不断地挑战人生,坚持到底,才能采摘到胜利的果实。就像李扬一样,如果他不是一直坚持,不畏艰辛地走下去,也不可能取得人生巨大的成就。

英国作家狄更斯曾说:“顽强的毅力可以征服世界上的任何一座高峰!”假如不为爱、不为理想而坚持,留给生命的只能是痛苦的回忆和无尽的悔恨。因此,当上帝将苦难的考验降临到我们头上时,希望我们能义无反顾地选择坚持。

如果一个人只有幸福,那他就不会懂得什么叫幸福。只有尝过悲哀的人才能真正体会到幸福的甜美。

02 自卑是幸福的最大敌人

三毛是我国著名的作家,她小时候是一个非常勇敢而又聪明活泼的小女孩,12 岁那年,她以优异的成绩考取了台北最好的女子中学——台北省立第一女子中学。在初一时,三毛的学习成绩不错,到了初二,数学成绩便不断地下滑,几次小考中最高分才得 50 分。由此她逐渐产生了自卑的心理。

然而渐渐地,聪明而又好强的三毛发现了一个考高分的窍门。她发现每次老师出小考题,都是从课本后面的习题中选出来的。于是三毛每次临考,都把后面的习题背下来。因为三毛记忆力好,所以她能将那些习题背得滚瓜烂熟。这样,一连 6 次小考,三毛都得了 100 分。老师对此很怀疑,决定要单独测试一下三毛。

一天,老师将三毛叫进办公室,将一张准备好的数学卷子交给三毛,限她 10 分钟内完成。由于题目难度很大,三毛得了 0 分。老师对她非常不满意。

接着,老师在全班同学面前羞辱了三毛。他拿起蘸着墨汁的毛笔,叫三毛立正，恶毒地说："你爱吃鸭蛋，老师就给你两个大鸭蛋。"

老师用毛笔在三毛眼眶四周涂了两个大圆圈。因为墨汁太多，流了下来，顺着三毛紧紧抿住的嘴唇，渗到她的嘴巴里。老师又让三毛转过身去面对全班同学，全班同学哄笑不止。然而老师并没有就此罢手，而是命令三毛到教室外面，在大楼的走廊里走一圈再回来，三毛不敢违命，只有一步一步艰难地将漫长的走廊走完。

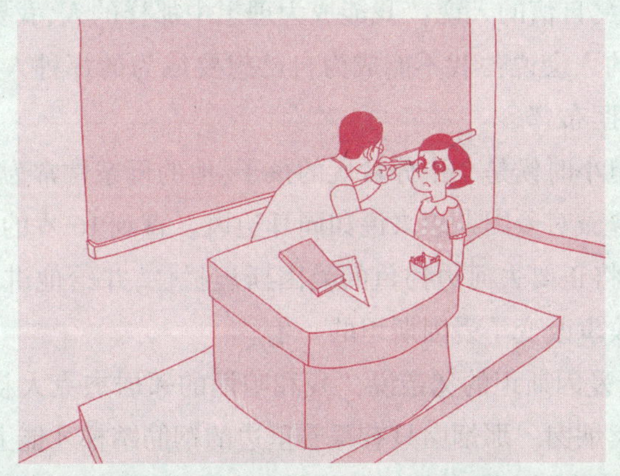

这件事情使三毛在同学面前丢了丑，她也没有及时调整过来。于是，她开始逃学，当父母鼓励她要正视现实，鼓起勇气再去学校时，她坚决地说"不"，并且自此开始休学在家。

休学在家的日子里，三毛仍然不能从这件事的阴影中走出来，当家里人一起吃饭时，姐姐弟弟不免要说些学校的事，这令她极其痛苦，以后连吃饭都躲在自己的小屋，不肯出来见人。就这样，三毛由最初的自卑心理发展成了少年自闭症。

少年时期的这段经历，影响了三毛的一生。在她以后的成长过程中，甚至是在她长大成人之后，她的性格始终以脆弱、偏颇、执拗、情绪化为主导。这样的性格对于她的作家职业可能没有太多的负面影响，但这严重影响了她人生的幸福。

可以说，自卑是幸福的最大敌人。因为，一个人若是时时事事都沉浸在自卑中，那他怎么去享受幸福！

自卑源自于自我评价过低，源自于没有正确地定位自己的人生坐标。内心的自卑，对于一个人的成长和发展是至关重要的，所以，人不要被自卑打垮，而是要超越自卑。

自卑的反义词是自信。自卑的人，自己看不起自己；自信的人，自己相信自己。自信是一种感觉，有了这种感觉，人们才能怀着坚定的信心和希望，开始伟大而又光荣的事业。

面对一生，自信的人说："我能成为理想中那样的人，我要掌握自己的命运。"自卑的人会说："我不能成为自己想要成为的那种人，我只能随波逐流，被外力摆布。"

爱因斯坦小时候是个十分贪玩的孩子，他的母亲常常为此非常担心，但是再三地告诫对爱因斯坦来说如同耳边风。直到16岁的那年秋天，一天上午，父亲将正要去河边钓鱼的爱因斯坦拦住，并给他讲了一个故事，也正是这个故事改变了爱因斯坦的一生。

"昨天，"爱因斯坦的父亲说，"我和咱们的邻居杰克大叔去清扫南边工厂的一个大烟囱。那烟囱只有踩着里边的钢筋踏梯才能上去。你杰克大叔在前面，我在后面。我们抓着扶手，一阶一阶地终于爬上去了。下来时，你杰克大叔依旧走在前面，我还是跟在他的后面。后来，钻出烟囱，我们发现了一个奇怪的事情：你杰克大叔的后背、脸上全都被烟囱里的烟灰蹭黑了，而我身上竟连一点烟灰也没有。"

爱因斯坦的父亲继续微笑着说："我看见你杰克大叔的模样，心想我肯定和他一样，脸脏得像个小丑，于是我就到附近的小河里去洗了又洗。而你杰克大叔呢，他看见我钻出烟囱时干干净净的，就以为他也和我一样干净呢，于是就只草草洗了洗手就大模大样上街了。结果，街上的人都笑痛了肚子，还以为你杰克大叔是个疯子呢。"

爱因斯坦听罢，忍不住和父亲一起大笑起来。笑完后，父亲郑重地对他说："其实，别人谁也不能做你的镜子，只有自己才是自己的镜子。拿别人做镜子，白痴或许会把自己照成天才的。"

爱因斯坦听了，顿时满脸愧色。从那以后，他逐渐离开了那群顽皮的孩子。他时时用自己做镜子来审视和映照自己，终于映照出了他生命的独特光辉。

唐拉德·希尔顿曾说："许多人一事无成，就是因为他们低估了自己的能力，妄自菲薄，以至于缩小了自己的成就。"被自卑所控制，其精神生活将会受到严重的束缚，聪明才智和创造力也会因此受到影响而无法超常发挥作用。

只有那些对自己具有充分信心的人，才敢于对各种人生险境进行挑战。而在心中燃烧自信火花的秘诀，在于"仔细观察你的潜能所在，然后慢慢地在那个领域里求索"。

比如，古代希腊的德摩斯梯尼，小时候患有口吃，可他迎难而上，刻苦锻炼，最后成了著名的演说家；美国的罗斯福总统，患有小儿麻痹症，但他最终成为美国总统；尼采身体羸弱，却专心研究权力哲学，成为一代哲学大家。

自卑带给我们的只有不幸，而如果我们抛弃它，换之以自信，并在生活中以平和的心态对待周围的人和事情，那么我们的理想就有可能实现，我们就有可能获得真正的幸福生活。

幸福密码

幸福不表现为造成别人的哪怕是极小的一点痛苦，而表现为直接促成别人的快乐和幸福。

03 没有永远的失败

人无完人，一个人总会犯错误，也总会经历失败。人人都向往着成功，但有的人失败了还在向往着成功，也有的人因为惧怕失败而与成功无缘。其实,失败并不代表什么,只要继续努力,胜利终将属于锲而不舍的人。

每个成功者都曾经失败过,但他们并不相信自己是永远的失败者,否则,他们就不可能获得成功。一个真正的成功者,他在面对打击、挫折时,刚开始可能也会失望、消沉,甚至有过放弃的念头,但他们肯会会慢慢地调整自己的态度,最后走到正确的轨道上,所以才收获了成功的果实。

一个真正想获得成功、拥有幸福的人,就应该生命不息,奋斗不止。因为只要奋斗就会进步,就有成功的希望。

哥伦布曾在意大利的帕维亚大学攻读天文学、几何学以及宇宙志、《马可·波罗游记》、地理学理论、海员的报告和传说以及由海外传来的关于非欧洲血统的海事艺术和技艺著作——所有这些都激发了他的想象。

过了好几年,他逐渐产生了一个坚定的信念:根据归纳推理,世界是一个球体。根据演绎推理,可知从西班牙向西航行能到达亚洲大陆,正像马可·波罗向东航行到达了亚洲大陆一样。他怀着炽热的心情想去证实他的理论。他开始寻找必要的财政后盾、船只和人员,以便去探索未知的东西,寻找更多的东西。

他开始行动了!他把心力始终贯注在目标上。在长达十年的时间内,他总是差一点就取得了必要的帮助。但是,国王的欺诈、人们的嘲笑和怀疑、政府下级官员的恐惧,还有一些商人不讲信用——他们原要帮助他,但在最后由于他们对科学的怀疑,拒绝给予援助——给哥伦布带来了一连串的失败,但他仍然不断地努力。

直到 1492 年,他终于得到了他一直在寻找和企盼的帮助。那年 8 月,他开始向西航行,打算前往日本、中国和印度。

哥伦布在加勒比海登陆以后,就带着金子、棉花、鹦鹉、珍奇的武器、神秘的植物、不知名的小鸟和野兽以及几个土人回到了西班牙。他认为他已到达了他的目的地——印度以外的岛屿,但实际上他没有到达亚洲。哥伦布虽然未能立即认识到这一点,但他却发现了更多的东西,相当多的东西！

其实，在这个世界上，没有永远的失败，失败的往往是我们对待问题的方法和态度。所以，很多时候，埋没天才的不是别人，恰恰是自己。

所谓进步就是在不断的失败中前进的过程，所谓成功就是用无数次失败的经验创造出的结果。这也提醒一些因成功而遭失败的朋友们，一定不要沉沦，另辟一条新路，再打造一个全新的自我，避其锋芒，在失败中重新站立。

要知失败意味着成功，成功也意味着失败。

从一名普通的报社抄写员到著名的幽默漫画作家，欧玛·贝庞的经历颇具传奇色彩。她很早就投入了新闻业，她的第一份工作是担任一家城市小报社的抄写员。当时她还是一名少女，该报社的一名管理者曾经劝她说："放弃写作吧，这并不适合你。"她拒绝接受这个建议，不久后就进入了俄亥俄州立大学读书，后又转入代顿大学，并在1949年获得了硕士学位。毕业后，她正式开始了自己的写作生涯——负责报纸的广告版和女士版的写作。

然而就在刚刚有所希望的时候，她遭受了重大的打击。她在这一年结婚了，婚后，她最渴望的就是拥有自己的孩子，但医生却告诉她她不能怀孕，这对一个女人来说是多么大的打击啊！2年后，正当她从失望的阴影中走出来，开始专心工作的时候，却惊奇地发现自己怀孕了。但这并没给她带来好运，等待她的是更多的挫折和打击。因为在后来的2年里，她共怀孕了4次，但只有2个孩子存活了下来，而她也差点因为难产而丧命。

1964年秋，她终于说服了另一家城市小报的主编，让她负责撰写该报的幽默专栏。尽管每篇稿件的稿酬只有5美元，但她还是对这份得来不易的工作充满了热情。1年之后，她又在另一家报纸上开辟了自己的幽默专栏。从1964到1967年的5年时间里，她的文章和画作相继在900多家报刊上刊登发表。

在去世前的30多年时间里，欧玛·贝庞一直从事着自己热爱的幽默专栏写作，担任了许多家报刊的专栏作家。她先后出版了15本书，还经常亮相《早安，美国》。就在去世的前几周，她仍坚持在报刊上发表幽默连环画作品。

生前，欧玛·贝庞曾多次被邀请到著名大学去演讲。在演讲中，她曾无数次对观众讲起这样一段话："现在我站在讲台上而你们在台下，并不是因为我的成功。相反，正是因为我的失败，我失败的次数比你们多，受到的打击比你们多——我的一本喜剧集在贝鲁特只卖出了2本；我历经2年为百老汇写的电视剧本从未展现在百老汇的舞台；我的一次新书签售会上，总共只有两个人参加，其中一个想问我卫生间在哪里，另一个想买我用的桌子……你必须告诉自己：'我不是一个失败者，我只不过是没有把某件事情做好。'这是两种完全不同的态度，等待你的也将是两种截然不同的结果。不管是我的个人生活还是职业生涯，都是一条崎岖而坎坷的道路，我曾经求职失败，工作中受打击，遭遇生育难题，失去父母……但我都扛过来了，要不然我现在也不会站在这里，甚至可能早已告别世界。"

生命是一个奇迹，不论身处顺境还是逆境，我们都需要不断提醒自己这一点。如果你现在正处于人生的低潮，请不要畏惧你的失败和面前的困难；如果你现在正享受胜利的喜悦，也请继续努力，还有更高的山峰等待你去攀越。

在这个世界上，并没有绝对的失败，失败的往往是我们对待问题的方法和态度。

04 幸福的人生从微笑开始

培根有句名言:“含蓄的微笑往往比口若悬河更为可贵。”微笑是世界上最美丽的表情。微笑不用语言,不用动作。微笑能沟通彼此,拉近距离。微笑像柔和的冬阳,像春天的和风。因此,经常保持微笑的人拥有良好的人际关系,具有广阔的社交资源,并总是在众人之中保持着良好的个人口碑,自然他们也会拥有幸福的人生。朋友,如果你也想幸福,那么,请从保持微笑开始!

飞机起飞前,一位乘客要求空姐给他倒一杯水吃药。

空姐很有礼貌地说:“先生,为了您的安全,请稍等片刻,等飞机进入平稳飞行后,我会立刻把水给您送过来,好吗?”

15 分钟后,飞机早已进入了平稳飞行状态。突然,乘客服务铃急促地响了起来:由于太忙,她忘记了给那位乘客倒水。

“我的疏忽,延误了您吃药的时间,我感到非常抱歉。”

乘客抬起左手,指着手表说道:“怎么回事,有你这样服务的吗?”

空姐手里端着水,心里感到很委屈,但是,无论她怎么解释,这位挑剔的乘客都不肯原谅她的疏忽。

在接下来的飞行途中，为了弥补自己的过失，每次去客舱给乘客服务时，空姐都会特意走到那位乘客面前，面带微笑地询问他是否需要水，或者别的什么帮助。然而，那位乘客余怒未消，摆出一副不合作的样子。

临到目的地前，那位乘客要求空姐把留言本给他送过去，很显然，他要投诉这名空姐。此时，空姐心里虽然很委屈，但是仍然不失职业道德，显得非常有礼貌且面带微笑地说道："先生，请允许我再次向您表示真诚的歉意，无论您提出什么意见，我都将欣然接受！"那位乘客脸色一紧，嘴巴准备说什么，可是却没有开口，他接过留言本，开始在本子上写了起来。等到飞机安全降落，所有的乘客陆续离开后，空姐本以为这下完了。

但没想到，当她打开留言本时，却惊奇地发现，那位乘客在本子上写下的并不是投诉信，而是一封热情洋溢的表扬信。

在信中，空姐读到这样一句话："在整个过程中，你表现出的真诚歉意，特别是你的十二次微笑，深深打动了我，使我最终决定将投诉信写成表扬信！你的服务质量很高，下次如果有机会，我还将乘坐你们这次航班！"

在人际交往中，我们需要微笑。微笑不仅是一种令人愉悦的表情，还是一种热情而积极的处世态度。所以，我们应该让微笑成为一种习惯，不要让死板严肃的表情成为人生道路上的"拦路虎"。

可以说，在现实生活中，微笑是一种万能剂。它可以使我们消除忧愁，还可以使我们获得友谊。微笑是一把万能钥匙，它能帮你打开任何一扇友好善良的门。

沃克是一名优秀的空军飞行员，曾参加过西班牙打击法西斯的内战，但在战斗中不幸被俘入狱。

这天，他翻遍自己所有衣服的口袋终于找到一支香烟，但是没有火柴。门口的看守是一个身材魁梧的家伙，看起来凶神恶煞。最终，沃克还是鼓足勇气走过去向他借火。

看守瞪了他一眼，不耐烦地把火柴递给他，表情极为冷漠。

"当他递火柴给我的时候，他的眼神无意中与我的眼神接触，这时我下意识冲他微笑了一下。不知是出于感谢还是别的原因，我的嘴角就向上翘了，脸上的肌肉略微松弛了一些。也就是在那一刹那，我们之间的隔阂就像冰遇到火一样被融化了。受到我的感染，他脸上的肌肉也松了下来，嘴角不自觉地露出了一点笑容。我想如果不是我先笑，他是不会有笑容的。我将火柴还给他后他并没有立即离开，表情也比刚才好看了很多，

他非常友善地看着我。‘有小孩了吗?’他张口问道。‘有！你看，还很小。’我掏出内衣口袋的皮夹，拿出我孩子的照片给他看。看完之后，他也掏出他的全家福照片，并且开始讲述他对家人的期望和计划，表情无限幸福。这时，我的眼中含着泪水，但我努力不让它流出来。我满怀伤感地说：‘我怕我再也见不到我的孩子和妻子了，也不能抚养我的孩子长大了。’他听后脸上露出了同情，很快就热泪盈眶。突然，他朝我做了一个不要说话的手势，然后打开牢房的大铁门，拉着我的手向监狱的后面跑去。他将我带出监狱的围墙之后，松开我的手示意我赶快离开，便转身回去了。我终于明白，微笑的力量是如此伟大、如此神奇！”

俗话说“只有简单着，才能快乐着。”不奢求华屋美厦，不垂涎山珍海味，不追逐时髦，不扮贵人相，过一种简朴肃静的生活，你外在的财富也许不如他人，但内心充实而富有。这是自然的生活，有劳有逸，有工作的乐趣，也有与家人共享天伦的温馨和自由活动的闲暇。这才是幸福的生活。

任何一个人,只要他时时带着发自内心的微笑,就能让周围的人如沐浴春风,也为自己营造了幸福的人生

05 不知足就是不幸福

什么是幸福?幸福是一种感觉,而且是一种快乐的感觉。我们只要用心去感受,其实,幸福就在我们的身边。想要幸福的生活很简单,那就是学会知足。

在我们的一生中,我们总是觉得:“得不到的东西总是最好的。”那是我们无法满足欲望的无奈,也是注定无法拥有的遗憾。人,生活在浮躁烦嚣的社会中,只有知足的人才会体会到幸福与快乐的真谛,发现人生的价值。

知足,是一种成功做人的艺术。一旦说起“知足”一词,有些人便会认为那是人的惰性流露,其实不然。人生常常是无奈的,有时候会被迫置身于极不情愿的生活境遇里,甚至会落到万念俱灰的地步,但是一旦他能想到自己还有幸拥有一个可爱的人生,便又知足地笑起来:“留得青山在,不怕没柴烧。”知足是我们在深刻理解生活真相之后的必然选择。

追求幸福是人性之一,每个人都希望自己生活得快乐一些。有人说,人生来是痛苦的,也正因为这些痛苦,追求幸福才是我们努力的一个方向。人生活的根本目的归根到底是为了“幸福”二字,成功的事业、富足的家产、自我的实现等,都是为了最终的幸福。

德国哲学家叔本华说过这样的话:“我们很少去想已经有的东西,但却念念不忘得不到的东西。”这句话是多少人心灵的写照!

一天,帝尧听说了许由的贤明,就要把掌管天下的权力让给他。尧找到许由,对他说:“太阳和月亮出来了,手里拿的小火把还不熄灭,它和太阳或月亮的光相比,不是太没有意思了吗!天上下了及时雨,还要去提水灌溉农田,这对于润泽禾苗,不是徒劳吗!先生如果立为天子,一定会把天下治理得很好,可是我还占着这个君位,很觉得惭愧,请允许我把天下奉还给先生。”

许由答道:“你当君王治天下,已经治理得很好了,我若再来代替你,我不是在追求名吗?名是实的影子,我这样做,不是成了影子吗?鹪鹩在深林里做窝,不过是占一根树枝;鼹鼠喝大河里的水,最多只能是喝饱肚子。算了吧,我的君王啊,你请回吧。这就像厨师是不能做祭祀用的饭菜的,掌管祭奠的人也决不能越位来代替厨师的工作啊。”

正如许由所说,在社会这个大家庭中,每个人都有自己的位置和相应的生活,也应该像鹪鹩、鼹鼠一样知足,但是现实生活中,这样的人却寥寥无几。有的人叹息自己贫穷,有的人叹息自己无能,有的人叹息自己不够美貌……我们总是期待得到那些我们没有的财富,觉得没有那些就不幸福,然而却总忽视我们本身所拥有的。

美国某个小镇上的一位已过了耄耋之年的老人曾经非常自豪地说:“我是这个小镇上最富有的人。”

不久,这句话传到了镇上的税务稽查人员的耳朵里。稽查员的职业敏感使他们在第一时间登门拜访了这位老人。他们开门见山地问:“我们听说,您自称是最富有的人,是吗?”

老人毫不犹豫地点了点头:“是的,我想是这样。”

稽查员一听,便从公文包里拿出笔和登记簿,继续问道:“既然如此,您能具体说一说您所拥有的财富吗?”

老人兴奋地说道:“当然可以了。我最大的财富就是我健康的身体,你别看我已经90多岁了,但我能吃能走,还能做点力气活,我不用经常去医院,就是在变相地省钱和赚钱。”

稽查员有些吃惊,仍然耐心地问:“那么,您还有其他的财富吗?”

“当然,我还有一个贤惠温柔的妻子,”老人一脸幸福地说着,“我们

生活在一起将近60年了。另外，我还有好几个很孝顺的子孙，他们都很健康，也很能干，这也我的财富。"

稽查员再次耐着性子继续问："还有其他的吗？"

"我还是个堂堂正正的国民，享有宝贵的公民权，这也是个不容否认的财富。还有，我有一群好朋友，还有……"

稽查员有点不耐烦了，单刀直入地问："我们最想知道的是，您有没有银行存款、有价证券或是固定资产？"

老人十分干脆地回答："这些完全没有。"

稽查员又问："您确定没有吗？"

老人诚恳地回答："我发誓，肯定没有。除了刚才我说的那些财富，其他我什么也没有。"

稽查员收起登记簿，肃然起敬地说："确实如你所言，您是我们这个镇上最富有的人。而且，您的财富谁也拿不走，连政府也不能收取您的财产税。"

看了老人的故事，你有何感想？人生来就要追求幸福，生来便具有各种欲望。这些需要和欲望应该是得到满足的，而一旦得不到满足时，人的需要便产生了匮乏，也产生了痛苦。痛苦是没有止境的，因为人的欲望是无止境的。那么，我们是不是永远也不会快乐地生活呢？答案是否定的，尽管人的欲望无穷，只要我们能知足，便能常乐，便会幸福。

幸福是什么？人与人不同，所以感受也就不同，100 个人就会有

100种不同的感受，说出100个不同的答案。然而，事实上，幸福就是健康、快乐地活着。

可是这个世界总是这样，人们互相羡慕，甚至互相攀比。我们忘记了孩童时只有一个玩具也能玩得喜上眉梢的感觉，我们不再珍惜自己拥有的，我们多了各种各样的欲望，我们看不到自己的，却时时刻刻羡慕别人的一切。下面这则故事可能会让你感悟更多的生活内涵。

在河的两岸，分别住着一个和尚与一个农夫。

和尚每天看着农夫日出而作，日落而息，生活看起来非常充实，令他相当羡慕。而农夫也在对岸看见和尚每天都是无忧无虑地诵经、敲钟，生活十分轻松，令他非常向往。因此，在他们的心中产生了一个共同念头："真想到对岸去！换个新生活！"

有一天，他们碰巧见面了，两人商谈一番，达成了交换身份的协议：农夫变成和尚，而和尚则变成农夫。

当农夫来到和尚的生活环境后，这才发现，和尚的日子一点也不好过。那种敲钟、诵经的工作，看起来很悠闲，事实上却非常烦琐，每个步骤都不能遗漏。更重要的是，僧侣刻板单调的生活非常枯燥乏味，虽然悠闲，却让他觉得无所适从。

于是，成为和尚的农夫，每天敲钟、诵经之余都坐在岸边，羡慕地看着在彼岸快乐工作的其他农夫。

至于做了农夫的和尚，重返尘世后，痛苦比农夫还要多，面对俗世的烦忧、辛劳与困惑，他非常怀念当和尚的日子。

因而他也和农夫一样，每天坐在岸边，羡慕地看着对岸步履缓慢的其他和尚，并静静地聆听彼岸传来的诵经声。

这时，在他们的心中，同时响起了另一个声音："回去吧！那里才是真正适合我们的生活！"

沉湎于羡慕别人的人往往都有这样的通病，看不到自己有的，只拿自己没有的与别人有的来攀比。殊不知，每个人都有自己独特的才能和生活方式。我们不必羡慕别人的笑容，那也许只是苦中作乐或是强颜欢笑。有的人薪金丰厚、月入数十万,却因劳累过度而患病;有人事业发达,情感路上却是坎坷难行……也许,只有懂得羡慕自己的人,才是真正值得羡慕的人。

所以说,每个人的生命,都被上苍划上了一道缺口,不可能有任何一个人能拥有一切,要相信上帝是公平的。在尘世喧嚣的社会里,只要自己淡泊名利,知足常乐,内心充满阳光,享受人间的精彩,你的生活,每天都会是幸福快乐的。

知足的人即满足于自我的人,知足者能认识到无止境的欲望和痛苦,于是就干脆压抑一些无法实现的欲望,这样虽然看起来比较残忍,但它却减少了更多的痛苦。古人的“布衣桑饭,可乐终身”是不如意中的如意,沈复所言“老天待我至为厚矣”是知足常乐的真情实感。你要懂得,知足或不知足都不是生活的目的。

只有经常知足,在自我能达到的范围之内去要求自己,而不是刻意去勉强自己,才能心平气和地去享受独特的人生。做人的要务是寻找生活本身的幸福和快乐,而不是去计较这种生活究竟是“贫民窟”还是“富贵乡”。知足如果能够幸福常乐,则不妨选择知足。

幸福密码

所谓幸福的人,是只记得自己一生中满足之处的人;而所谓不幸的人只记得与此相反的内容。

06 幸福是自己的,不要为他人而活

人活在这个世界上,应该努力实现自我价值,不要为了他人而活。如果你追求的幸福是处处参照他人的模式,那么你的一生都将会悲惨地活在他人的价值观里。

人们往往都有这样一种心理，希望给自己所遇到的每一个人都留下好印象。因此，为了达到这一目的，我们总是事事都要争取做得最好，时时都要显得比别人高明。在这种心理的驱使下，人们往往把自己推到一个永不停歇的痛苦的人生轨道上。

事实上，人活在这个世界上，并不是一定要压倒他人，也不是为了他人而活。人活在世界上，所追求的应当是自我价值的实现以及对自我的珍惜。不过，一个人能否实现自我价值并不在于你比他人优秀多少，而在于你在精神上能否得到幸福的满足。只要你能够得到他人所没有的幸福，那么，即使你表现得不够高明也没有什么。

有时候过于看重别人对自己的看法，仿佛自身的一举一动都被他人关注，所以谨言慎行，这样的情形或许在生活中并不少见。过于在意自己在别人眼中的印象会成为交流中的一大障碍，久而久之就会变成一种极大的压力，压得自己无法喘息。

有一个人上进心很强，一心一意想升官发财，可是从年轻熬到年老，却还只是个基层办事员。这个人为此极不快乐，感觉自己活得很失败，每次想起来就掉泪，有一天竟然号啕大哭起来。

一位新同事刚来办公室工作，觉得很奇怪，便问他到底因为什么难过。他说："我怎么能不难过呢？年轻的时候，我的上司爱好文学，我便学着做诗、写文章，想不到刚觉得有点小成绩了，却又换了一位爱好科学的上司。我赶紧又改学数学、研究物理，不料上司嫌我学历太浅，不够老成，还是不重用我。后来换了现在这位上司，我自认文武兼备，人也老成了，谁知上司喜欢青年才俊，我……我眼看年龄渐高，就要被迫退休了，还一事无成，怎么可能不难过呢？"

活着应该是为充实自己，而不是为了迎合别人。没有自我的人，总是考虑别人的看法，这是在为别人而活，所以活得很累。

获得幸福的最有效的方式就是不为别人而活，就是避免去追逐它，就是不向每个人去要求它。通过和你自己紧紧相连，通过把你积极的自我形象当做你的顾问，你就能得到更多的认可，获得更多的幸福。

有这样一则寓言：

一只大狗看到一只小狗在追逐它自己的尾巴，于是问："你为什么要追逐你自己的尾巴呢？"小狗回答说："我了解到，对一只狗来说，最好的东西便是幸福，而幸福就是我的尾巴。因此，我追逐我的尾巴，一旦我追逐到了它，我就会拥有幸福。"大狗说："我的孩子，我曾经也注意到宇宙的这些问题，也曾经认为幸福在尾巴上。但是，我注意到，无论我什么时候去追逐，它总是逃离我，但当我从事我的事业时，无论我去哪里，它似乎都会跟在我后面。"

事实上，你不可能让每个人都同意或认可你所做的每一件事，但是，一旦你认为自己有价值，值得重视，那么，即使没有得到他人的认可，你也绝不会感到沮丧。如果你把不赞成视作是每个人不可避免地都会遇到的非常自然的结果，那么你的幸福就会永远是自己。因为，在我们的生活中，人们的认知都是独立的，人人都应该为自己而活。

幸与不幸之间，只隔了一层薄纸，而你本身就是那层薄纸，你认为那是幸福便是幸福，你认为那是不幸，便是不幸。

07 不幸时也要笑一笑

在人生的道路上，难免会遇到不幸，这时候我们应该坦然面对，始终保持微笑的面容，高举那面叫做乐观的胜利之旗。因为穿透灵魂的微笑，能够激发我们自身的所有聪明才智，让人生所有的苦难如轻烟一般飘散。

对待同一种事物，不同的人有不同的看法是很正常的，问题是我们自己应采取什么样的态度，做出什么样的选择。面对太阳，你眼前是一片光明，背对太阳，你看到的是自己的阴影。

在新墨西哥州的高原地区，有一位靠种植苹果谋生致富的园主。这年夏天，一场冰雹把已长得七八成熟的苹果打得遍体鳞伤、坑坑洼洼，令丰收在望的园主大惊失色，心痛不已。园主不甘心就这样失去一年的收成，他苦苦思索着怎样才能把这些伤痕累累的苹果名正言顺地推销出去。

大约过了一个月的时间，这些苹果的“伤口”渐渐愈合，也都成熟了，但却变得面目全非，一个个像雕琢过的“工艺品”。园主随手摘下一个疤痕累累的苹果一尝，意外地发现这些被冰雹打伤的苹果反而变得清脆异常、酸甜可口。这时，园主的心情一下子变得豁然开朗起来。他决定换个说法和卖法。他在发给每一个客户的订单上清楚无误地写道:“今年的苹果终于有了高原地区的特有标志——冰雹打伤的明显痕迹。这些苹果不光从外表上而且从口味上更加体现了高原苹果的独特风味,实属难得的佳品。数量有限,欲购从速……”人们纷纷前来欣赏和品尝这种具有“高原特征”的苹果,苹果很快销售一空。

拿破仑曾说:“人与人之间只有很小的差异,但是这种很小的差异却可以造成巨大的差距。很小的差异即积极的心态还是消极的心态,巨大的差距就是成功和失败。”

生活中我们总是期望上天能给我们最好的安排,希望我们的人生之路畅通无阻。其实,生活总是处在顺境中对于我们来说并不是一件好事,只有在困境中摸爬滚打过的人,才能在时代的潮流中永远屹立不倒,才能真正体验到什么是真正的幸福。

格林夫妇带着两个儿子在意大利旅游,不幸遭劫匪袭击。如一场无法醒来的噩梦,7 岁的长子尼古拉死于劫匪的枪下。就在医生证实尼古拉的大脑确实已经死亡的半小时内,孩子的父亲格林先生立即做出了决定,同意将儿子的器官捐出。4 小时后,尼古拉的心脏移植给了一个患先天性心脏畸形的 14 岁孩子;一对肾分别使两个患先天性肾功能不全的孩子有了活下去的希望;一个 19 岁的濒危少女,获得了尼古拉的肝;尼古拉的眼角膜则使两个意大利人重见光明。就连尼古拉的胰腺,也被提取出来,用于治疗糖尿病……尼古拉的脏器分别移植给了亟须救治的6 个意大利人。

“我不恨这个国家,不恨意大利人,我只是希望凶手知道他们做了些什么。”格林,这位来自美洲大陆的旅游者这样说道,嘴角的一丝微笑掩不住他内心的悲痛。而他的妻子玛格丽特的庄重、坚定、安详的面容,和他们4 岁幼子脸上大人般的表情,尤令意大利人灵魂震撼!他们失却了自己的亲人,但事件发生后他们所表现出来的自尊与慷慨大度,令全体意大利人深感羞愧。

假如是你遇到了格林夫妇这样的不幸,你会怎么去做?是抓住不幸不放，终日萎靡不振，还是也能像格林夫妇这样坦然处之呢？

如果抓住不幸不放手，那只能给你带来痛苦和消沉，所以，请尝试站在新的角度，用一颗积极的心去对待生活中的点点滴滴。

无论在什么地方，无论在做什么，无论是多么艰难的境地，简单的一个微笑都是最美的情感，它能够消除人与人之间的隔阂，消除彼此之间的抱怨之心，消除人们绝望的念头。而在此时，你会发现，绝望与希望之间的最短距离仅仅是一个可以分享的微笑，即使是一个人的微笑，也能抚慰人的心灵。请记住：换种心态看世界，你也许就能够把不幸变为幸福。

如果痛苦换来的是结识真理、坚持真理，就应自觉地欣然承受，那时，也只有那时，痛苦才将化为幸福。

08 每一天都是新的开始

大科学家爱因斯坦曾说过：“我从不去想未来，因为它来得太快了。”而中国道家宣扬“无为以求心静”。所谓“无为”并非什么事都不做，而是强调不去思考未来，尽力做好眼前的事。

每一天都是新的开始，新的开始就要给自己更多的快乐和幸福。就算昨天拥有悲伤、失败和痛苦，这一切都留给了昨天，现在就是新的起点。要把昨天的悲伤变成今天的快乐，把昨天的失败变成今天的成功，把昨天的不幸变成今天的幸福。

不要为昨天后悔，也不要为明天担心，活在今天，因为今天将是一个全新的开始。

一位哲学家途经荒漠，看到一座很久以前的城池废墟。岁月已经让这个城池变得满目疮痍，但仔细看却依然能辨析出它昔日辉煌时的风采。

哲学家想在此休息一下，便随手搬过来一个石雕坐下。他点燃一支烟，望着被历史淘汰下来的城垣，想象着曾经发生过的故事，不由得感叹了一声。

忽然，有人说："先生，你感叹什么呀？"

他四下里望了望，却没有人，他疑惑起来。那声音又响起来，他端详那个石雕，原来那是一尊"双面神"神像。

他没有见过"双面神"，因此就奇怪地问："你为什么会有两副面孔呢？"

双面神说："有了两副面孔，我才能一面察看过去，牢牢地汲取曾经的教训，另一面又可以展望未来，去憧憬无限美好的蓝图啊。"

哲学家说："过去的只能是现在的逝去，再也无法留住，而未来又是现在的延续，是你现在无法得到的。你却不把现在放在眼里，即使你能对过去了如指掌，对未来洞察先知，又有什么具体的实在意义呢？”

双面神听了哲学家的话，不由得痛哭起来。他说：“先生啊，听了你的话，我至今才明白，我为何会落得如此的下场。”

哲学家问：“为什么？”

双面神说：“很久以前，我驻守这座城时，自诩能够一面察看过去，一面又能瞻望未来，却唯独没有好好地把握住现在，结果，这座城池被敌人攻陷了，美丽的辉煌都成为过眼云烟，我也被人们抛弃在废墟中了。”

聪明的人，不会太多地停留在昨天，也不会太多地幻想明天，而是牢牢地把握住今天。因此，要想改变自己的生活，就要从今天开始行动，让自己的生活从今天开始有一个全新的启程。

美国密歇根州有一位老太太名叫杰尔德，她的丈夫在1957年因病去世。在为丈夫治病期间，他们几乎花光了所有的积蓄，最后连唯一的一辆汽车也被卖掉。丈夫去世之后，家里一贫如洗，生活的打击使她一蹶不振，整天以泪洗面。但现实逼迫她不得不为生活寻找出路，为了糊口，她分期付款买了一部二手车，年近六旬的她干起了自己的老本行——推销图书。

她原本希望通过工作摆脱消极情绪，让自己重新振作起来，可艰难而孤独的生活再加上工作和债务的压力让她无法忍受，她想到了自杀。每天早上一醒来，她就开始为自己的生活担心——怕付不起当期车款、怕交不起房租、怕生病了看不起医生、怕没有足够的钱给自己买食物……她之所以迟迟没有自杀，唯一的牵挂就是她的姐姐，因为姐姐是她现在最爱的人。她想，如果自己先死了，姐姐一定非常难过。直到有一天，一位客户书房墙上的一句话改变了她的消极想法——每一天都是新的开始。这句话犹如一盏指路明灯，让她看到了希望。她心想，自己的工作不就是这样的吗？每天都是新的开始，每天都会遇到不同的客户，而自己每天的收入也会不一样。她将这句话写在一张纸上，贴在自己的床头。

她逐渐振作起来，对待客户更加主动热情。她发现，客户们的态度也开始转变，更愿意与她交谈，也乐意购买她所推销的图书。而让她更加兴奋的是，她的收入开始增加。她的勇气和信心更足了，生活开始有所改善，工作也好像轻松了许多。一年之后，她不但还清了所有的债务，还搬到了一个高档小区，有了新的汽车。并且，她也比以前更喜欢自己的工作了，因为每天都会有不同的收获。

只要活着，就有希望，因为每天都会出现不同的机会。不论遇到什么样的困难和打击，都不要忧虑和抱怨，否则只会使你的生活变得更加糟糕。所以，从今天开始，为了自己的期待，为了心中的希望，用全新的生命迎接每个新生的太阳，让自己的生命在循环往复中完善成长，用积极的态度去迎接生命中每一个新的开始。

然而，要把每天都当做新的开始，这并不是一件容易的事，它需要观念和态度的转变。其实每天都是一个新的开始，每天的生活都应该是不同的。一个人要善于改变自己的态度，让自己的生活富有新意，而不应该总沉浸在对昨天的悔恨之中。所以，一定要把握住今天，一步一个脚印，一步一步地前进。走自己的路，不要东张西望。不要回头，一直走下去。不要先问结果，要问自己的努力和付出。这样，才有可能成为真正的成功者。

面对快速变化着的世界，我们能做的就是认识自己、了解自己，把过去放下，把现在扛起，每天都要让自己前进一步，每天都要过得快乐和幸福。今天有新的开始，明天有新的发现，这样，你的生活才会更加幸福美好！

幸福密码

痛苦是一个健全人的痛苦，某种意义上也是一种幸福！为什么呢？因为你痛苦，就说明你对生活还抱有希望。

09 失败不是不幸，而是通向成功的铺路石

人生之路充满坎坷，一个人不可能永远一帆风顺，难免会遇到挫折。遇到挫折并不可怕，重要的是你如何面对它。学会正确看待失败，与学会创造成功一样重要，这既是一种积极态度的体现，也是一种成功的基本素质。

在几年前美国CNN的一次电视访谈节目中，著名的节目主持人大卫·布林格林向《纽约时报》的"解疑"专栏作家安·兰德斯提了一个最简单的问题——读者最常问的问题是什么？兰德斯的回答是"我怎么了"。兰德斯的回答非常真实、客观，现场的观众反应热烈。

兰德斯的回答在相当程度上反映了人类的天性——人们很难真正了解自我，并且对自己充满怀疑。然而，从某种角度来说，这种怀疑又是必要的，是进行自我反思的一个过程。如果一个人能在自己遭受挫折和打击之后及时进行反思，就非常有利于他正确地看待挫折和打击，从而改变对失败的错误理解，促进自己树立和保持正确积极的态度。

不愿面对失败的人，永远都不会成功。而敢于面对失败的人，即使最后失败了，也仍旧是一个胜利者，因为他懂得如何对待挫折。不敢面对挫折的人，是一个缺乏自信的人，因为一个自信的人是不会在意自己的失败的，他对自己充满信心，知道自己最终会胜利。人只要多一分自信，就会更坦然地面对挫折。

该亚·博通早年埋头于发明创造，他先是发明了脱水肉饼干，但却未给他带来多少好处，相反，却使他在经济上陷入窘境。有了第一次失败的教训，又经过两年反反复复的试验，他终于又制成了一种新产品——炼乳，并决定把它推向市场。

博通发明的炼乳,是一种纯净、新鲜的牛奶,牛奶中的大部分水分已在低温中利用真空抽掉了。当博通为他的制造方式寻求专利权时,得到的答复是产品缺乏新意,并且,专利局官员告诉他,在已批准的专利申请存档中已经有数十种“脱水乳”的专利权,其中包括一种“以任何已知方法脱水”。博通并不甘心,又一次提出申请。但他的第二次申请又再度被驳回,因为专利官员判定“真空脱水”并非是必要的过程,博通只是被认为制作态度比较谨慎而已。第三次申请仍被拒绝,理由是博通未能证明“从母牛身上挤出的新鲜牛奶在露天地方脱水”与其他制作方式的不同点与优势。

虽然三次申请都被驳回,但这并未把博通击倒。他对专利权仍然穷追不舍,因为他坚信他的创造。最终,他的第四次申请被通过了。

然而,虽然有了专利权,推销新产品也不是一帆风顺的。博通的工厂是由一家车店改造的,租金便宜,刚开业时,博通每天花费 18 个小时在厂里指导炼乳的生产方法,监督生产程序,检查卫生清洁情况。由于附近有纯正、营养丰富的牛奶供应,因而炼乳的成本较低。

于是,博通小心地挑选一位社区领袖做他的第一位顾客,因为这位社区领袖对炼乳的意见会有助于巩固新公司及其新产品在该地区的地位,而且这位社区领袖对产品也表示了赞赏。但是,当时当地的顾客习惯的是把掺有水分的牛奶放入一些发酵品,进行蒸馏,他们只觉得炼乳稀奇古怪,对它有疑心,所以,很少有人问津。出师屡屡不利,甚至到了山穷水尽的地步——博通的两位合伙人都失去了信心,第一家炼乳厂被迫关闭了。

在失败面前,该亚·博通破釜沉舟,又建起了新厂。也许是他的努力感动了上帝,他的第二次尝试最终获得了成功。直到该亚·博通逝世时,他的公司已根深蒂固地成为美国具有领导地位的炼乳公司。博通的创业奋斗奠定了现代牛奶业生产的基石。

在博通的墓碑上,有这样一段墓志铭:“我尝试过,但失败了。我一再尝试,终于成功。”这正是对他一生的总结,对每个渴望成功的人也是一种激励。

不必担心未来的结果，只要仔细检查眼前的步伐有没有错误失算，走一步便修正一步，并学会坦然面对我们迈出的每一步，那么当我们站在终点时，自然能站立得踏实又稳健。

人的一生难免会遇到失败与挫折，我们每个人都可以像克雷洛夫一样，善于自我调侃，不要害怕我们跨出的第一步，把难堪的窘境当成人生的必然经历。

美国成人教育家卡耐基经过调查研究认为，一个人事业上的成功，只有15%在于其学识和专业技术，而85%靠的是心理素质和人际关系。

对于心态积极的人来说，失败不是打击，更不是灾难，而是成长的阶梯。每一次失败后，都应该让自己学会尽快地从不愉快的经历中解脱出来，尽快丢掉一切可能会阻碍自己前进的思想包袱。

一个人若是在思想上认为自己是失败者，是不幸的人，那么他就不可能全力以赴地去做事情，而等待他的将是更多的失败。

每一个困难与挫折，都只是生活中必然经历的跌跤动作，我们不必太过惊慌或难过，只要拥有小时候那种不怕跌倒的勇敢精神，鼓励自己站起来，拍拍灰尘，然后继续前进，或许下一步，我们就能踏着沉稳的步伐，朝着人生的新目标前进。

能够正确面对失败、看待失败、认识失败是一种幸福；善于分析失败、总结失败，失败就会成为走向成功的铺路石。

10 幸福的主宰不是命运，而是你自己

人生是美好而又短暂的，在这个奇妙的旅程中，仁慈的上帝以最公平

的爱心来善待他的子民，他让每一个人都是空着双手来，又空着双手离开。但是伟大的上帝并不能保证每一个都能像他希望的那样，快乐地过好每一天，幸福地过好这一生。

其实，幸福还是不幸福，完全是自己的事情，在这一点上，上帝是无法主宰的。面对生活的不如意，我们总是抱怨环境，抱怨命运，可是我们却忘记，真正决定我们生活的是我们自己。当不幸来临时，我们不应只等着命运的宣判，而是要学会与命运抗衡，只有这样，才能为自己争取到更多的幸福。

我们每个人的手里都掌握着自己快乐和幸福的生杀大权。所以说，主宰幸福的不是命运，而是你自己，怎样选择完全在于一个观念，一个思路，一种态度。很多事情我们无法改变，但是怎样选择对待人生的态度，完全决定了你的幸福指数。

虽然我们无法选择自己的出身、父母和家庭，可是我们可以选择自己以后要走的道路、生活的环境以及生活的方式。命运不是一成不变的，只要你敢于向命运挑战，敢于寻找命运的突破口，你就可以改写自己的命运，获得幸福。

伊尔·丰拉格是美国历史上第一位获得新闻界最高奖——普利策奖的黑人记者，是美国黑人的骄傲。

但是，丰拉格小时候曾经非常厌恶自己的出身。他因为自己的肤色而自卑孤僻，甚至绝望地认为自己将来不会有任何出息。

丰拉格的父亲是个走南闯北、见多识广的水手，他看透了儿子的心事，便带他拜访了许多名人的故居。

他们去荷兰参观了凡·高的故居。在看过那张小床及裂了口的皮鞋之后，儿子困惑地问父亲："凡·高不是位百万富翁吗？"

父亲答道："凡·高是位连妻子都没娶上的穷人。"

后来，他们又去丹麦参观了安徒生的故居。儿子又困惑地问父亲："安徒生不是生活在皇宫里吗？"

父亲答道："安徒生是位鞋匠的儿子，就生活在这栋简陋的阁楼里。"

听了父亲的介绍，儿子若有所思。父亲用厚实有力的大手抚摸着儿子的头说："孩子，你看，上帝并没有看轻卑微，伟人原来也不过是一介草民。"

在父亲潜移默化的教育下，丰拉格彻底改变了，不但对自己的未来充满了自信，而且对大千世界产生了浓厚的兴趣。他立志要成为一名记者，走遍全世界。

从此，丰拉格开始为理想不懈地奋斗。大学毕业后，他如愿以偿地成为一名新闻记者。但是风无常顺，兵无常胜，他也遭到了白人的排挤。有一次，一个白人记者公然将丰拉格辛苦了一个多月的采访稿件据为己有。丰拉格当时很气愤，找到主编，希望能讨个公道。但事与愿违，主编竟然偏袒那个白人，根本不相信他的申辩。

这件事使丰拉格再次看清了社会的现实和人生的坎坷，但是他仍然坚信自己的未来。他不辞辛苦,深入各种险境,获取第一手新闻资料。最终,他凭借独特的新闻视角和理念获得了美国新闻界最高奖——普利策奖,开创了黑人获此奖项的先河。

在颁奖仪式上,丰拉格激动地说:“感谢上帝!上帝并没有看轻卑微,而是将高贵的灵魂赋予每个人的肉体,无论是出身高贵的肉体,还是出身卑微的肉体。感谢父亲!是他给了我自信和新生。我的经历使我确信,凭借坚定的信念和艰苦的努力,黑人可以做成任何事情。每个人都是自己命运的设计师。”

莎士比亚曾说:“假使我们自己将自己比作泥土,那就真要成为别人践踏的东西了。”世上没有绝对幸福的人,只有不肯快乐的心。只要你保持一颗快乐的心,谁也阻止不了你因此而获得的幸福。

生活有美丽的阳光,也有阳光下的阴暗。当我们以灿烂的心态面对阳光时,一切都变得阳光灿烂了。当我们以灰色的心态面对阴暗时,一切都变得灰色阴暗了。

幸福不是别人赐予的,而是一点一滴在自己生命之中筑造起来的。人生中既有狂风暴雨,也有漫天大雪。只要在你心里的天空中,经常有一轮希望的太阳,幸福之光便会永远照耀你。

04 第四章

修炼内心，才能达到幸福的彼岸

每个人都在追求幸福，那么，幸福到底是什么？幸福到底来自哪里？其实，幸福存在于每个人的内心世界，心灵是幸福的寄居地、发源地。因此，修炼内心世界，才能达到幸福的彼岸。

01 宽容是开启幸福之门的钥匙

法国19世纪的文学大师雨果说过："世界上最宽阔的是海洋，比海洋宽阔的是天空，比天空更宽阔的是人的胸怀。"如果一个人在接受突降的幸福时，表现得十分惊恐、瞻前顾后，唯恐幸福溜走，那么此人肯定不能成为一个大人物。如果一个人能虚心接受别人的意见，能以宽容的胸怀原谅他人无理的指责，这样的人定会成就一番大事业。

有大才干的人绝对不是斤斤计较的人，他们能够接受来自各方的观点，能够正确地对待反对自己的声音。

如果我们能心存宽容，真诚待人，不斤斤计较别人的过失，就能较好地与周围的人和睦相处，在自己的人生道路上轻松愉快地前行。

在犹太圣经《塔木德》中，有一则关于约瑟夫接纳哥哥的故事，被犹太人视为为人处世的典范。

约瑟夫是雅各的儿子，他自幼聪明伶俐，因此受到兄长的嫉妒，在小时候被兄长卖到埃及为奴，后来在埃及做了大官。

有一年闹饥荒，约瑟夫的哥哥们一路逃荒来到埃及。当约瑟夫发现自己的哥哥们时，就走上前说："我是约瑟夫，父亲还好吗？"

可是，哥哥们简直不相信这是真的，一时无法回答，一个个都目瞪口呆了。

约瑟夫又对哥哥们说："请你们走近些。"

当哥哥们走近时，约瑟夫说："我是你们的兄弟约瑟夫，你们曾经把我卖到埃及。"

兄长们还是不敢相信。但是当他们明白一切都是真的时，看着眼前的弟弟如此荣耀，如此威风，吓得说不出话来了。

这时，几位兄长听到约瑟夫说："现在，你们不要因为把我卖到这里而谴责自己，这是上帝为了救我的命才把我送到这里来的。老家发生饥荒已经两年了，你们将无法继续生存下去，现在所有的土地颗粒无收。上帝把我早些送来，是为了让你们继续存活，以特殊的方式让我们都生存下去。所以是上帝而不是你们把我送到这儿来的。"

约瑟夫把自己少年的苦难说成是上帝拯救自己的行为，替哥哥们开脱了自责的心理。

在现实生活中，人与人之间常常因为一些无法释怀的坚持而造成永远的伤害。如果我们都能从自己做起，宽容地对待他人，相信一定能收到许多意想不到的幸福。

有大才干的人不仅是一个能包容各种意见的人，还是一个有豁达心态的人。他们有容人之度，极力避免自己走入心胸狭隘的境地。很多时候，别人不小心冒犯你，并非是出于故意。如果你"尊严大怒"，恶言斥责，会让他人失去对你的好感。而如果你能在关键时刻宽容对方，他常常会对你异常感激。

古时候，有一位国王，他纵横亚欧大陆，战无不胜、攻无不克，建立了不朽的功勋。有一次，他来到了俄罗斯的西部，决定一人外出考察地形。

他只身一人来到一个乡镇，住进了一个小客栈。为进一步了解民情，他穿着没有任何特殊标志的平民衣服，围绕着小镇四处漫步，和居民亲切交谈。

在街道上转了一圈之后，这位战功赫赫的国王竟然迷了路，不知该如何回到原先的客栈。这时，从不远处走来一个军官。

他想打听一下方向，便走上前去，向军官问道："朋友，请问一下去客栈的路怎么走？"

那位军官看起来还很年轻，他瞥了这位"平民"一眼，嘴里叼着的大烟斗都没有取下来，含糊不清地说："朝右边走。"

"谢谢！那么请问从这里到客栈还有多远？"国王又问道。

“1000 米！”军官显然有些不耐烦了，看都不看这位国王一眼。

国王道了谢，准备离开，可是看着那位军官高傲的神态，他又改变了主意，回过头来微笑着说：“请原谅，我想再问你一个问题，你的军衔是什么？”

年轻的军官顿时来了精神，对着国王说：“你猜一下！”

国王故意说：“是中尉？”

军官拿下嘴里的烟斗，撇了一下嘴，意思是说太低了。

“上尉？”

年轻的军官显得很神气的样子：“还要高些。”

“那么你是少校？”

“是的！”年轻的军官显得很骄傲，又把手中的烟斗放进了嘴里。国王于是很敬佩地给他敬了一个军礼。

“你也是军人？”看见国王那标准的敬礼动作，少校有些诧异。

“是的。”

少校很仔细地打量了一下国王，问道：“你是什么军衔？”

国王乐呵呵地看看少校，用少校先前的语气说道：“你猜。”

少校对国王模仿他的语气说话有些不满，说道：“中尉？”

“不是。”

“上尉？”

“还不是。

少校走近国王，仔细看了看，说道：“那么你也是少校？”

国王笑着摇了摇头。

少校脸上的骄傲已经没有了，烟斗也从嘴巴拿了下来，用恭敬的语气问道：“那么您是部长或者将军？”

“快猜中了。”国王对他表示嘉奖地点了点头。

“陆军元帅吗？”少校怀疑地问道。

“少校同志，你还可以再猜一次。”

少校两腿一软，扑通跪倒在国王面前：“国王陛下，请原谅我的无礼！请饶恕我！”

“我饶你什么呢？我应该感谢你，你为我指明了去客栈的方向，尽管你的态度不太好，但是可以改正的，不是吗？”

说完，国王乐呵呵地走了。

宽容是力量的象征，是一种伟大的态度和品质，也是一种感情投资。原谅别人的错误，并帮助他人认识到自己的错误，才是聪明之举，才会获得别人的真心诚意。

宽容的人不仅能获得良好的人际关系，也有利于自己的情绪和健康，使自己能享受到真正的幸福和快乐。

幸福的最大障碍就是期待过多的幸福。内向、宽厚和无私是幸福的三大要素。

02 幸福属于懂得感恩的人

有这样一则关于感恩的寓言故事：

有一回，一只在河边饮水的小松鼠，由于一时大意滑到河里去了，于是在河里用力挣扎，大声呼救。这时正好有只猴子路过这里，看见松鼠在挣扎求生，就捡起一枝树枝，丢给松鼠，松鼠就这样得救了。贪玩的猴子早就忘了这件事，但松鼠心存感激，对此念念不忘。它一直想要报答猴子，于是就把家做到离猴子很近的一棵树上。

后来，猴子蹲在树枝上休息时，被一个猎人发现了，猎人用猎枪瞄准

了猴子。就在这千钧一发的时刻，松鼠飞快地扑到猎人身上，在他的手臂上狠狠咬了一口，猎人疼得惨叫一声，子弹打偏了。

对松鼠如此舍命相救的举动，猴子非常感激，就对松鼠道谢。松鼠

说:“要不是您在河边救了我,我早就被河水淹死了,我这辈子不知道怎么谢您呢!”

又有一天,猴子在一农家菜园里寻找吃的东西,不小心被菜园主人的陷阱扣住了,它大声呼救。松鼠听见了,就把所有的同伴都叫来,大家齐心合力把扣子咬断,猴子得救了。

猴子再度向松鼠道谢,松鼠依然说:“您救了我的命,我这辈子不知道怎么谢您呢!”猴子到处宣扬松鼠的热心肠,它说:“松鼠的身体虽小,它感恩的心却是身体的千百万倍!”

感恩是积极向上的思考和谦卑的态度,包括对家庭的感恩、对工作的感恩、对生活的感恩,甚至是对国家、对社会的感恩。不管此时的你处于怎样的生活境况,是贫穷还是富裕,是艰难还是顺利,我们都应为我们目前所拥有的一切表示感谢。感恩并不是说我们要满足于现状,不思进取,而是保持心情的愉悦,减少心灵的负担,以更加积极乐观的态度去面对生活。

感恩体现了人与人之间交往的准则,也是人与人之间一种凝聚力的内核。感恩是一种良好的习惯,也是一种积极的态度,更是一种乐观的精神。

在漫长的人生道路上,幸福与不幸总是交替出现。有人在幸福的日子里仍不知道满足,整天抱怨而不感谢那些曾帮助过他的人。其实生活中有许多人在注视着我们,无论是我们的朋友还是对手,我们都应该感恩,只要能学会发现,学会感恩,美好的生活就在我们身边。

15 世纪时,纽伦堡附近的一个小村庄里,住着一户姓杜勒的人家。这户人家有 18 个孩子,所以当金匠的父亲几乎得不眠不休地工作,才能让全家人获得温饱。

尽管家境如此贫困,但杜勒家最年长的两兄弟却都渴望当个艺术家。他们都很清楚,父亲在经济上绝对没有办法供应他们到纽伦堡的艺术学校去学画,想要学画,他们两个人只能靠自己想办法。

兄弟两人经过无数次的讨论之后,最后选择以掷硬币的方式来决定谁先去学画。他们是这么计划的:输的人要到矿场去工作4年,用他的收入供给到纽伦堡上学的兄弟;而获胜的人则可以在纽伦堡读书4年,然后再用他卖出作品的收入,支持另外一个兄弟上学。

在一个星期天,做完礼拜之后,兄弟两人掷了硬币,结果是阿尔勃勒希特赢了。于是,阿尔勃勒希特便高高兴兴地离家到纽伦堡上学,另一个兄弟艾伯特则先到矿坑去工作,并且往后的4年都必须资助阿尔勃勒希特。

阿尔勃勒希特的才华很快便引起了人们的注意,从纽伦堡大学毕业时,他的作品已经带来了相当可观的收入。

为了庆祝阿尔勃勒希特衣锦还乡,杜勒一家准备了丰盛的大餐欢迎他回来。在餐桌上,阿尔勃勒希特对艾伯特说:"现在,艾伯特,你可以去纽伦堡实现你的梦想了,今后轮到我照顾你了。"

谁知,听到这些话的艾伯特,泪水缓缓地从脸颊流下,哽咽着说:"已经不可能了。"

原来,这4年粗重的矿工生活使艾伯特的手产生了巨大的变化。他的每根手指都至少受过一次骨折,现在更受到关节炎的折磨,如今的艾伯特,连拿酒杯都很困难了,更不用说拿笔在画布上画出精致的线条了。对艾伯特来说,自己的梦想已经不可能实现了。

阿尔勃勒希特知道后,忍不住捧着艾伯特的双手痛哭失声。为了报答艾伯特的牺牲,阿尔勃勒希特便将艾伯特那双饱经磨难的手用心地画了下来,而这幅画,也就是日后举世闻名的杰作《手》。

感受和感激他人恩惠能力的成长,是个人维护自己内心安宁感,提高自己幸福充裕感必不可少的心理能力。"滴水之恩,涌泉相报"意在告诉人们要知恩图报。在一个文明的社会,知道感谢,怀有一颗感恩之心可以促进人与人之间相互尊重、信任、帮助。

在人的一生中,总会有令人感到高兴的事情,也会有让人觉得失望或忧虑的事情。如果懂得感恩,你的态度是正确而积极的,你就会更加关注那些令人高兴的事情;如果你不懂得感恩,态度消极,那么就会将注意力集中在那些让人沮丧的事情上,由此出现更加糟糕的结果。

心理学家普遍认同这样一个规律:心的改变,态度就跟着改变;态度的改变,习惯就跟着改变;习惯的改变,性格就跟着改变;性格的改变,人生就跟着改变。学会感恩,感谢生活所赋予你的一切,保持正确而积极的态度,最终我们就会收获幸福而美丽的人生。

幸福密码

幸福是一种心境,跟财富、年龄与环境无关。常怀感恩之心,常念感激之情,播撒爱心,致力育人,温暖在每一个人心中传递,并随之播撒到四面八方。有心就有福,有愿就有力,自造福田,自得福缘。

03 给予也是一种快乐

有条处世的古训叫“助人为乐”,意思是帮助别人就是快乐。而把这个意思引申开来就是:给予也可以使人获得快乐。

给予,即是爱;占有、获取并不是爱的本质。只有心甘情愿的付出、尽心竭力的奉献、不需偿还的给予,或者为他人献出一切,才是真正的爱。只要自己先献出一点爱,生活就会增添一份光彩;只要每一个人都能献出一点爱,那么整个社会将会因此而更加温馨与幸福。

圣诞节时,保罗的哥哥送给他一辆新车。

圣诞节当天,保罗离开办公室时,一个男孩绕着那辆闪闪发亮的新车,十分赞叹地问:“先生,这是你的车?”

保罗点点头:“这是我哥哥送给我的圣诞节礼物。”男孩满脸惊讶,支支吾吾地说:“你是说这是你哥哥送的礼物,没花你半毛钱?我也好希望能……”

当然，保罗以为他是希望能有个送他车子的哥哥，但那男孩却说："我也好希望自己能成为送车给弟弟的哥哥。"

保罗惊愕地看着那男孩，冲口而出地邀请他："你要不要坐我的车去兜风？"

男孩兴高采烈地坐上车，绕了一小段路之后，他充满兴奋地说："先生，你能不能把车子开到我家门前？"

保罗微笑，他心想那男孩必定是要向邻居炫耀，让大家知道他坐了一部大车子回家。没想到保罗这次又猜错了。"你能不能把车子停在那两个阶梯前？"男孩央求道。

保罗照做了。男孩跑上了阶梯，过了一会儿，保罗听到他回来的声音，但动作似乎有些缓慢。原来他带着跛脚的弟弟出来，将他安置在台阶上，紧紧地抱着他，指着那辆新车。

只听那男孩告诉弟弟："你看，这就是我刚才在楼上告诉你的那辆新车。这是保罗他哥哥送给他的！将来我也会送给你一辆像这样的车，到那时候你便能去看那些挂在窗口的圣诞节的漂亮饰品了。"

保罗走下车子，将跛脚男孩抱到车子的前座。男孩也爬上车子，坐在弟弟的旁边。就这样，他们三人开始了一次令人难忘的兜风。

在这个圣诞节，保罗明白了一个道理：给予比接受真的更令人快乐。

给予的确是一种快乐，当你给予别人，你收获的将会更多。古希腊哲学家伯利克说过:“我们结交朋友的方法,是给他以好处。当我们真的给他人以恩惠时,我们不是因为得失而这样做,而是由于我们慷慨才这样做,是不会后悔的。”

总而言之,一个人的幸福快乐,更多地存在于慷慨的给予之中。正所谓“不行春风,难得秋雨”!

生活中的你能够给予他人和社会的东西太多了。为别人牺牲自己的时间,是一种给予;为别人的幸运和成功而高兴,也是一种给予;能从别人的观点看事物,容许别人有自己的意见和特色,也是一种给予;谨慎——避免鲁莽的言行,耐心——倾听别人的诉说,同情——分担别人的悲痛等,都是一种给予。

曾看到过这样一个故事:

有一户人家住在沙漠中,他们家有一个蓄水池。过往的驼队常向这户人家讨水喝,他们总是慷慨答应。有一年,沙漠十分干旱,水池里的水也越来越少,这户人家不得不在门前立一个牌“此处无水”。第二天,主人惊奇地发现门前有几桶水。从此,所有的驼队都有条不成文的规定:上路前要多备水,倒一桶到蓄水池,惠人惠己。

给予不但能让我们得到快乐,也让别人得到了更多的快乐。赠人玫瑰,手有余香!给予是一种快乐,更能传播快乐。给予能让世界变得更小,让人与人的心贴得更近,而与此同时,我们也为此而快乐着!

幸福密码

一个人要幸福,就要消除自我,千万不能以自我为中心,因为以自我为中心的人是永远幸福不了的,不管他拥有多少钱,不管他拥有多大的权力,不管他长得多漂亮,都不会幸福。

04 难得糊涂

生活中，有些人在处理事情时，总显得过于死板。在他们的眼中，万事只存在对与错，一切事物都应该有一个标准的答案。他们认为这样做就是在捍卫自己的信念与原则。殊不知，这样的行为是一种非常愚蠢的做法。

做人应该学学猫头鹰，睁一只眼，闭一只眼，稍微糊涂一点。处处较真，斤斤计较，眼里容不得半点“沙子”，对什么都看不惯，连一个朋友都容不下，必将生活在社会的“真空”里。有些时候，我们不必太计较，适当地装装傻，就是给人方便，别人也会因此对你有所感激。

“难得糊涂”一词是清代著名画家、文学家郑板桥提出来的。他所说的“难得糊涂”，并不是先天愚笨的糊涂，而是本性善良而又不能改变现状的大智若愚式的糊涂，或者是冰雪聪明而假痴假呆式的糊涂。大智若愚，是修炼到一定程度的难得智慧；而让本来聪明之人装出糊涂样，这就非常“难得”，因此我们才要学之。

吕端是北宋时期的大臣，据《宋史·吕端》记载：“或曰：‘端为人糊涂。’太宗曰：‘端小事糊涂，大事不糊涂。’”吕端就是靠着“逢人三分笑，一问三不知”的“糊涂”智慧，处处应付时局，摆脱无奈、压抑和困厄，而成了朝廷的重臣。宋太宗去世之后，内侍王继恩阴谋废主，吕端及时发现，终把王继恩驱逐出宫，可见“吕端大事不糊涂”并非虚誉，也可见“难得糊涂”智慧的可贵。

仅从以上事例透视，“难得糊涂”的智慧主要在于难得明白。人人都想聪明而怕糊涂，但由糊涂变聪明难，既然聪明了要变糊涂会更难。所以，头脑清楚、善明事理的明白人不容易得到的是非装糊不可的糊涂。

“难得糊涂”的智慧给人们提供了一种哲理睿智的启迪，用心去体悟那种超越了无奈、世俗、利役、物累之后达到的虚静、淡泊的心灵状态。在人生道路上活得“糊涂”一点，甩掉名缰利绳的束缚，使人达到一种坦荡轻松、悠然自得的超越境界。

人有的时候的确不能过于清醒，清醒则太自满，太自满就过于计较。在适当的时候糊涂一下，等于在各种繁杂的事情上涂上润滑油，使得其顺利运转，显得轻松明快。

清朝嘉庆皇帝继位后，对前代一些遗留问题进行了清理，还准备破格提拔几位曾为父王作过贡献却被奸臣排挤、打击的官员。然而，这破格提拔的事在清朝尚无先例，群臣的反应各不相同，嘉庆拿不定主意，便问老臣纪昀。纪昀沉吟良久，说：“陛下，老臣承蒙先帝器重，做官已数十年了。一直以来，从未有人敢以重金贿赂我，什么原因呢？这只是因为我不谋私、不贪财。但是有一样例外，若是亲友有丧，要求老臣为之点主或作墓志铭，他们所馈赠的礼金，不论多少厚薄，老臣是从不拒绝的。”

嘉庆听了纪昀的话感到莫名其妙，进而想想，才点头称许，于是下定破格提拔这批官员的决心。原来纪昀用模糊之法，提出自己希望皇上放下包袱，大胆去做的建议。

纪昀为什么这样含含糊糊？其实，他是出于两种考虑：一是虽然建议破格提拔这些官员，但没明说，此意见倘若被采纳，是成是败，名义上自己都没有介入，皇帝也好，其他人也好，抓不着把柄；二是嘉庆皇帝秉性聪明，而且有好自作主张的特性。不说吧，自己的意见皇上不清楚，而且皇上会不高兴；假如说白了，恐有教导皇帝、不自量力的忌讳。不如用模糊之法，让皇帝自己悟出道理来，既说出了自己的意见，又迎合了皇帝好自作主张的秉性。纪昀此举，真是一举两得。

所以，处世时不妨适时糊涂一点。很多时候，我们可以睁一只眼，闭一只眼，只要不伤大雅就让它过去，只有这样才能让自己的心灵保持一份宁静与快乐。

难得糊涂是一种生活的艺术，一种生活的境界，也是一种幸福的选择。

05 正直使你受欢迎

孔子在《论语》中曾经说过："人之生也直，罔之生也幸而免。"这句话的意思是说，人的生存靠正直，不正直的人也能生存，但那不过是侥幸免于祸害罢了。如此简单的一句话，却道出了深刻的哲理。

正直是立身处世之本。不正直的人虽然也可以欺世盗名，侥幸生存，但最终会遗臭万年，而正直的人则会流芳千古。这就是罔与直的不同。

正直是维护社会稳定、维护公众秩序的重要力量，当所有的人都不愿意正直、不再敢于正直的时候，那这个社会必然会是邪恶者大行其道，不守规则者耀武扬威。

所以说，我们仅仅有丰富的知识才能是远远不够的，更需要有正直的品性。一个没有正直品行的人即使地位再高，也只不过是一副发臭的空皮囊。一个人能在所有的时间里欺骗某些人，但不能在所有的时间里欺骗所有的人。所以，正直是装不出来的。

手术室里，一位年轻的护士第一次跟一位著名的外科医生合作，并且担任责任护士。

手术进行了很久，在即将缝合时，女护士严肃地对医生说："我们手术总共用去了15块纱布，可我只见您取出了14块。"

医生摇摇头："纱布一块也没漏下，别耽搁时间了。"

"不！"女护士执拗地说："肯定用了15块，还有一块没取出来，我们不能缝合。"

医生不予理睬，对其他人说道："手术一切正常，现在听我的，快缝合。"

"您不能这样，"女护士叫了起来，"我们得为病人负责。"

医生脸上忽然露出一丝笑容，他现出了一直捏在左手心的第15块纱布。"从今以后，你就是我的正式助手。"医生高声对年轻的护士说。

林肯曾说："正直并不是为了做该做的事而有的态度，正直是使人快速成功的有效方法。"一个正直的人会在适当的时候做自己应该做的事，即使没有人看到或知道。

正直意味着具有道德感并且遵从自己的良知。马丁·路德在被判死刑的时候对着他的敌人说："去做任何违背良知的事，既谈不上安全稳妥，也谈不上谨慎明智，我坚持自己的立场。上帝会帮助我，我不能做其他的选择。"

"刚正不阿"、"人正不怕影斜，脚正不怕鞋歪"，都是赞扬正直的。一个人有了正直的品德，对自己要求严格，不谋私，不贪利，不文过饰非，不隐瞒自己的观点，不偷奸耍滑；对他人不阿谀奉承，不溜须拍马，不阳奉阴违，不包庇坏人坏事；处理事情，敢于主持公道，伸张正义，抨击邪恶，不怕打击报复，这就是一个正直人的真正体现。

在一次国际乒乓球比赛中，我国的刘国正和德国的名将波尔对垒。到了最后决定胜负的关键时刻，刘国正以12：13落后。如果再输一球，那胜利就是对方的了。

就在这个关键时刻,刘国正的一个回球“出界”了,波尔的教练见状后立即起身狂呼,正准备冲入赛场拥抱自己的弟子庆祝胜利。

然而,戏剧性的一幕出现了。波尔举手示意,这一球是刘国正得分,因为这一球是擦边球。教练很惊讶,裁判很惊讶,所有的观众都很惊讶。

因为他们都看不出这一球是擦边球,其实连刘国正也看不到,因为这个擦边球只有1毫米的距离之差。

但是波尔看到了,而且坚持自己的判断。正因为波尔的这种高贵的品格,这种对公平和正义的绝对尊重,使得刘国正反败为胜了。记者在采访他时,波尔的回答是:“公正让我别无选择。”

尽管波尔输了比赛,但是全世界的人都不得不对他肃然起敬。因为在某种程度上,他才是真正的胜利者。他赢得光明磊落,赢得无私坦荡,赢得无愧良心,赢得公平正直,并赢得了所有人,包括他的对手的尊敬。

就像波尔那样,当时那个球是否擦边最多只有1毫米之差,观众看不见,对面的刘国正更看不清楚,即便裁判也不可能看清楚。只有波尔看见了,当裁决的权利掌握在他一个人的手中时,他却毫不犹豫地主动示意,将到手的胜利让给了对手,尽管他完全可以当作没看见。

即使是1毫米也不能忽略,即使是在冠军争夺的关键时刻,这就是一颗公正的心,一个正直无私的人。

只有勇于坚持自己原则的正直的人,才不会在迷茫或是困境中迷失自己的方向。而一旦丢弃了正直,那就等于丢弃了一个人的人格与名誉,即使这个人有着万贯家产,也将得不到他人的认同与尊重,更不可能实现自己追求幸福和成功的愿望。

一个正直的人,因为有正义在他的身后做其坚强的后盾,所以能无畏地面对世界。

正直是一个人内心最高贵的品格之一,有了它才有了荣誉、幸福与成功的可能。

正直的人生,是高贵向上的;丢弃了正直的人生,是卑微低下的。所以，人不只要生存，而且要正直地生存。

对某些人来说，最大的欢乐、最大的幸福是把自己的力量奉献给他人。

06 善良是内心开出的最美的花

加里宁在谈到做人的品质时说："第一是善良的情感。"善良是一种美德，哪怕是一点小小的善行，都足以让我们骄傲。善良是一切美好品德的基础，是一个人美好心灵的一种表现。

哲人说，善良是爱开出的花。善良是心地纯洁、没有恶意，是看到别人需要帮助时毫不犹豫地伸出自己的援助之手。

对于高尚的人来说，他们的品性中蕴藏着一种最柔软、但同时又最有力量的情愫——善良。

善良可以拯救正在堕落甚至腐烂的躯体，善良可以挽救正在沉沦甚至濒临死亡的灵魂。可以说，拥有善良是可敬的，得到善良是幸运的。

我们所感受到的善良，有时像天使背部一片洁白轻柔的羽毛，让人感觉到温暖，让人感觉到希望；有时又像大力神赫拉克勒斯宽阔厚实的胸膛，让人感到无比的振奋，让人感到无限的力量。

在一个小山村里，史蒂芬太太和先生及两个孩子一起快乐地生活着。史蒂芬常年外出打工，只剩史蒂芬太太和孩子们相依为命。这年圣诞节，史蒂芬从外地为大家带回来两条活泼可爱的金鱼和一个有着水草和石头的鱼缸。史蒂芬太太细心地照料着两只金鱼，她给它们取了一个美丽的名字，叫波妞姐妹。

不久,战争爆发了。史蒂芬离开了家,离开了孩子们,也离开了波妞姐妹,去了前线。战火纷飞的年月,要想活着回来是多么艰难的一件事情,史蒂芬在这场战役中失去了生命。因此,史蒂芬太太失去了心爱的丈夫,孩子们失去了爸爸,波妞姐妹也失去了带他们回家的人。乱世让史蒂芬太太同时也失去了家园,她不得不带着孩子们离开家乡,走上逃难的道路。

仓促逃难的时候,史蒂芬太太仍没忘记波妞姐妹,那是丈夫带给自己的爱意,更是活生生的生命。在史蒂芬太太眼里,波妞姐妹也是鲜活的生命。所以,临走之际,史蒂芬太太想了想,既然不能带它们一起上路,那

就放波妞姐妹回到湖泊里去,这样他们兴许还有生还的机会。于是,史蒂芬太太捧着金鱼缸,小心翼翼地将波妞姐妹放进了蓝幽幽的湖水里。

战火平息数年后,史蒂芬太太带着孩子们结束了流离的生活,重新回到昔日的家乡。一片废墟的村庄,放眼望去,满眼荒凉。史蒂芬太太和孩子们心情万分悲伤,好不容易才在废墟里找到以前居住的地方。

就在这时,孩子们突然叫了起来:“妈妈,你看,那是波妞姐妹!”

史蒂芬太太顺着儿子们手指的方向看过去,就在那片湖泊中,泛起了点点的金光,仔细看过去,那是像波妞姐妹一样的金鱼带着一群群可爱美丽的金鱼雀跃着向史蒂芬太太和孩子们呼唤呢!

孩子们高兴极了,在废墟中找回波妞姐妹的金鱼缸。这是父亲当年

送给他们的礼物，也是波妞姐妹的家。这是多么幸运和高兴的事情啊！

在每个人的心里，都会有一根善良的“弦”，这根“弦”只有爱心才能拨动它。善良不是人们与生俱来的附属物，但却是能够在净化自我心灵的过程中得到升华的人格成分。

美国著名盲人女作家海伦·凯勒曾经说：“任何人出于他的善心，说一句有益的话，发出一次愉快的笑，或者为别人铲平不平的道路，这样的人就会感到他的欢欣是他自身极其亲密的部分，以至使他终身追求这种欢欣。”只要我们自己本身是善良的，我们的心情就会像天空一样清爽，像山泉一样清纯！

地中海岸边有个老铁匠，为人十分诚实。他说过的话没有一句虚假，他许下的诺言也从来没有不兑现的。他打造铁器的时候完全按照买主的要求，从不偷工减料。有时买主没有什么特殊要求，他也会把铁器打造得又好又结实。特别是他打造的铁链，比任何一家都结实。有人说他太老实，但他不管这些，工作起来总是一丝不苟。

有一次，老铁匠打造了一条巨链，打好后运去装在一艘大海船的甲板上，做了主锚的铁链。然而，这艘航行远洋的巨轮多少年都没有机会用上它。

直到有一天晚上，海上风暴骤起，风高浪急，随时有可能把船冲到礁石上撞个粉碎。船上其他铁锚都放下去了，然而一点都不管事，那些铁锚就像是纸做的，经不住风浪，全都断开了。最后船长下令：把主锚抛下海去。

这条巨链，第一次从船上滑到海里，全船的人都紧张地望着它，不知道这条铁链能否经得住风浪。全船1000多名乘客的安危都系在这条铁链上了。要是那位老铁匠在打造这条铁链时稍微有些马虎，只要在铁链的千百个铁环中，有任何一个出现问题，船就有在大海里沉没的危险。

但是，这条铁链经受住了风浪的考验，船保住了，一直到风浪过去，黎明来临。

这艘大海船的目的地正是老铁匠所在的海港。逃脱大难的船长亲自到老铁匠处表示谢意。

听完了船长感谢的话语后，老铁匠很平静地说："我只是本着良心，尽力做好分内的事。"

善良是一种发自内心的本能，它不需要你用条条框框去给它标榜，有多么伟大，多么崇高，它仅仅是人们心中那朵最美的力量之花。当我们怀着一颗真诚之心善待身边的每个人时，我们收获的也是真诚与善良，当然，还会有无限的幸福。

一个人吃好、穿好，不算幸福，只有天下穷苦的人都过上美好的生活，才是真正的幸福。

07 让高尚的德行化作对他人的关爱

中国有句古训叫做"以德服人"，这是几千年来传承的一种优良美德，凝结了古人做人的智慧结晶。拥有高尚的德行对于一个人来说的确很重要，但如果不把其运用到实践之中，那就只能称之为德，而没有行。德行是相对于他人而言的，有了关爱他人的行为，你的德行才能被他人知晓，被他人承认，从而达到感化他人的效果。

人人都离不开爱，人人都需要爱。一个懂得关爱他人的人，才能得到更多的人的关照，才能获得更多的幸福。不是有句话说："幸福并不取决于财富、权利和美貌，而是取决于你和周围人的相处。"你想做个幸福快乐的人吗？那么就从关爱他人开始吧。

乔治是华盛顿一家保险公司的营销员。

有一次他为女友买花，认识了一家花店的老板本。其实也只是认识而已，他总共只在这个花店里买过两次花。

后来，乔治因为为客户理赔一笔保险费，被莫名其妙地控以诈骗罪投入监狱，他要坐10年的牢。听到这个消息后，他的女友离开了他。他此时已经心灰意冷了，因为10年的时间太长了，他过惯了热烈、激情的生活，不知自己该如何打发漫长的没有爱、也看不到光明的日子，他对自己一点信心也没有。

乔治在监狱里过了郁闷的第一个月，他几乎要疯了。这时，有人来看他。他有些纳闷，在华盛顿他没有一个亲人，他想不出有谁还记着他。

在会见室里，他不由地怔住了，原来是花店的老板本，本还给他带来了一束花。

虽然只是一束花，却给乔治的牢狱生活带来了生机，也使他看到了人生的希望。他在监狱里开始大量地读书，钻研电子科学。

6年后，乔治获释。他先在一家电脑公司做雇员，不久自己开了一家软件公司，两年后，他身价过亿。

成为富豪的乔治去看望本，却得知本已于两年前破产了，一家人贫困潦倒，举家迁到了乡下。

乔治把本一家接回来，给他们买了一套楼房，又在公司里为本留了一个位置。乔治说："是你那年的一束花，使我留恋人世的爱和温暖，给予我战胜厄运的勇气。无论我为你做什么，都不能回报当年你对我的帮助，我想以你的名义，捐一笔钱给北美机构，让天下所有不幸的人都感受到你博大的爱心。”

后来，乔治果然捐了一大笔钱出来，成立了“华盛顿·本陌生人爱心基金会”。

关爱他人的人终将会得到回报，或许这些拥有高尚德行的人在帮助他人的时候并没有想过要得到回报，但是接受帮助的人一定想着要回报他们。这也验证了“善恶有报”这个真理。

中国有句古话叫“送人玫瑰，手留余香”。关爱他人其实就是善待自己，当我们关爱别人时，内心也会充满快乐。关爱不是怜悯，更不是同情，而是快乐地以一己之力助他人成长，并让受助人也感到快乐，这才是关爱的本质。

关爱，点燃了希望，散发着温暖，蕴含着幸福。让我们一起去关爱他人吧，因为，关爱他人也是一种幸福。

谦卑并不意味着多顾他人少顾自己，也不意味着承认自己是个无能之辈，而是意味着从根本上把自己置之度外。

08 控制好自己的欲望

对某些人来说，生命是一团欲望，欲望不能满足便痛苦，满足便无聊，人生就在痛苦和无聊之间摇摆。这样的人生无疑是可悲的。

尼采说：“人最终喜爱的是自己的欲望，而不是自己想要的东西！能够控制欲望而不被欲望征服的人，无疑是世界上最伟大的人。而被欲望控制的人，在失去理智的同时，往往会葬送自己。”

很久以前,在小镇上的一个小酒馆里,来了三个陌生的年轻人。当他们看见一个送葬队伍经过时,便让酒馆里的小伙计去打听,看看是哪家死人了。

很快,小伙计回来答复说:“听说是一个名叫‘快乐’的人,他被一个叫‘死亡’的贼给谋杀了。”

三人中年龄最大的那个人转过身,对他的另外两位朋友说:“这个叫‘死亡’的家伙到底是谁？为什么人们都那么害怕他？我可一点也不害怕。走,咱们一起去找‘死亡’,把他干掉,为‘快乐’报仇!”

他们在寻找途中碰上了一个相貌丑陋的老太太。他们嘲笑那老太太衣衫破烂,并阻止她前行。

“求求你们,给我让条路吧!”老太太哭喊着,“我告诉你们,‘死亡’正在跟着我,我必须逃掉,才能活下去。我不想死,请你们赶快把路让开。”

“我们不会让开道的。”那个领头的人说,“快告诉我们到哪里才能找到那个叫‘死亡’的家伙！他杀了善良的‘快乐’,等我们找到他,一定要宰了他!”

“先生们,”老太太说,“如果你们真想找到‘死亡’的话,只要跑到那山顶上,到那棵老松树下看一看就行了。”

他们跑到山上那棵老松树下,没有找到“死亡”,而是发现了一个装满金银珠宝的箱子。他们坐下来数着刚刚得到的宝物,很快就把寻找“死亡”的事忘得一干二净了。

最后,领头的人说:“我们必须看好这些珠宝。这样吧,咱们现在抽签,谁抽到最短的签就到镇上去买吃的,另外两个就留下来看守这些宝物。明天我们就分了这些宝物,然后各奔东西。”最短的签被他们当中最年轻的人抽到了。另外两个人给了他几块金币,让他拿着金币到小镇上买吃的。

两个看守宝物的人,很快想出了一个计划。他们打算等他们的朋友带着吃的回来时马上杀了他,然后把本该分成三份的宝物分成两份。那个最年轻的人走到小镇上,心想:“我要买一些食物,还要买一些毒药放进

食物里。我的两个朋友吃了就会死掉，那些宝物就可以全部归我所有了！”于是，他买了一种烈性毒药，并把毒药掺进食物和饮料中。

当天晚上，他刚走回来，他的两个同伴就扑上去把他杀掉了。

“现在，”那个领头的人说，“让我们放松一下，吃点东西吧，我们现在已经是富翁了。”可没过几分钟，他们就中毒身亡了。

就这样，三个人就像那个被他们折磨过的老太太所说的那样，果真在那棵老松树下找到了“死亡”。

人不能没有欲望，没有欲望就没有前进的动力；但人的欲望如果超过了一定的限度，就会使人陷入痛苦的深渊。因此，每个人都要正确对待自己的欲望，不要让自己迷失于自己的欲望里。

在现代社会，如何控制好自己的欲望，不仅关系到自己的人生，更关系到我们每天的心情。生命属于个人，每个人有权设计自己的生活和人生道路。但是我们必须明白：生命的过程中，一切物质及肉体都是不可靠的奴仆，想让自己的人生过得幸福，就必须放下这些本性之外的东西，去追求生活本身的淳朴，这样才能活得惬意，活得洒脱。

我学到了寻求幸福的方法：限制自己的欲望，而不是设法满足他们。

09 去除嫉妒心，为他人的成功喝彩

亨利的身体状况不太好，动辄失眠，心跳过速，40多岁正当年的男子汉却干不了多少力气活，到医院进行全面的身体检查也没有查出什么大毛病，时间长了，才发现亨利心理状态不正常，而这主要源于他对周围人的一种强烈的嫉妒心。

我们知道，有利益就一定会出现一些冲突，当这些冲突发生的时候，我们就可能感觉到不公平，就会不断报怨，由此产生嫉妒心理。

嫉妒是一种难以公开的阴暗心理。在日常工作和社会交往中，嫉妒心理常发生在一些与自己旗鼓相当、能够形成竞争的人身上。比如：单位同事获得升迁，某人由于心存芥蒂，事后就对这位同事工作上的“破绽”大大攻击一番。其实，我们完全没有必要如此。如果我们真的有才能，经过一番痛苦的磨炼，燃烧我们的激情，定会创造一个理想的环境，取得骄傲的成绩。

如果被嫉妒心理困扰，难以解脱，一定要控制自己，不做伤害对方的过激行为。然后可以试着将自己的嫉妒心转移，将自己投入到一件既感兴趣又繁忙的事情中去。

嫉妒是一种卑下的情感，它会使人失去理智，甚至造成不可估量的损

失。所以在平时，一定要注意自己的品格修养，尊重与乐于帮助他人，尤其是自己的对手，这样不但可以克服自己的嫉妒心理，而且可使自己免受或少受嫉妒的伤害。同时还可以取得事业上的成功，感受到生活的愉悦，何乐而不为呢？对于他人、对于家庭，我们应该多点理解和宽容，不要去计较。如果我们能保有一颗平静和睦的心，不心怀嫉妒，生活就会更美满，工作也会更顺心。

20 世纪影响深远的思想家之一、1950 年诺贝尔文学奖获得者伯特兰·罗素在其《快乐哲学》一书中谈到嫉妒时说："嫉妒尽管是一种罪恶，它的作用尽管可怕，但并非完全是一个恶魔。它的一部分是一种英雄式的痛苦的表现。人们在黑夜里盲目地摸索，也许会走向一个更好的归宿，也许只是走向死亡与毁灭。要摆脱这种沮丧的绝望，寻找康庄大道，人必须像他已经扩展了的大脑一样，扩展他的心胸。他必须学会超越自我，在超越自我的过程中，学得像宇宙万物那样逍遥自在。"

俗话说："己欲立而立人，己欲达而达人。"别人有所成就，我们不要心存嫉妒，为他人的成功喝彩，与他人分享成功的喜悦，不也是一种幸福吗？

当你幸福的时候，切勿丧失使你成为幸福的德行。

10 远离抱怨的心态

在我们的生活中，总能听到这样或那样的抱怨：被领导批评了、工作压力大了、物价又涨了……只要生活在这世上，总有抱怨不完的事，每个人都在疑惑怎么有太多的不如意发生在自己的身上？怎么别人的路总是比自己平坦？生活太不公平了！

不过，当一个人不断地把抱怨和指责的矛头对准别人时，反而很容易让人反感，产生负面效果，也容易丧失别人对他的信任。

王磊是北京一所名牌大学的毕业生，能说会道，各方面的表现都不同凡响。他在一家私营企业工作两年了，虽然业绩很好，为公司立下了汗马功劳，可就是得不到老板的提升。

王磊心里有些不舒畅，常常感叹老板没有眼力。

一日，和同事喝酒时，王磊发起了感慨："我自到公司以来，努力工作，试图在事业上有所成就，我为公司建立了那么多的客户，业绩也很不错。虽然兢兢业业，成就人所共知，但是却没人重视，无人欣赏。"

世上没有不透风的墙，本来老板准备提升王磊为业务部经理，得知王磊之言，心里着实有些不是滋味，后来放弃了提升他。

王磊之所以得不到老板的提升，就在于他不了解老板的心理，而只是一味地从自己的利益出发，抱怨没有识才的"伯乐"。

试想，作为一个老板，谁愿被人认为是不识人才的无能之辈呀？王磊这样说，无疑是在贬低老板没有能力。

王磊因为抱怨失去了自己晋升的机会，因此，不要轻易抱怨。如果你也如此，还是赶快停止你的抱怨吧，让烦躁的心情平静下来。

遇到问题时，要先从不抱怨做起，冷静地分析问题。因为抱怨永远解决不了问题，只会把事情弄得更糟。

有一位女士，年轻时喜好文学，但除了在一家电台做过一段时间的实习编辑外，从未有机会从事与文学有关的工作。多年来，她的工作和生活一直很不顺利，因为她不知道怎样将工作和婚姻维持得更长一点。她换过无数个工作，也结过好几次婚，但都以失败告终。这使她对世界和人生充满了消极认识。

一次，她被介绍给一位职业作家当编辑。这位作家写了几个短篇小说，需要加工润色和纠正语法错误，每编辑一篇小说，薪酬为1000美元。女士很高兴：这是她喜欢的工作，价钱也有吸引力，而且，作家为人随和，相处并不困难。

不料，完成一篇小说的编辑工作后，她发现自己“受骗”了。因为花了10天时间，努力到12分，才编完这篇稿子，报酬只有1000美元，显然吃亏了。她认为作家利用了她的无知，心里愤愤不平，于是向作家要求，按工作时间计算报酬。作家表示同意，答应每小时付给她25美元。

但是，当她编完第二篇小说，发现又上当了，所得报酬还不到1000美元。这是什么原因呢？她刚开始这项工作时，因为没有经验，走了不少弯路，速度自然缓慢，现在她已经驾轻就熟，30个小时就完成了第二篇，报酬却只有750美元而已！

她心里特别窝火，要求作家按原来的方式支付报酬。

不料，作家厌烦地说：“这是你自己要求的报酬方式，有什么不满意？如果你打算对一件事情不满意，别人是无法让你满意的。”

作家中止了她的工作，于是，她又一次失业了。

佛罗斯特有这样一段名言："面对两条小路，可惜不能并行，而不同的路有不同的风景和与之带来的喜悦和痛苦。自然，走上不同的路，结果会有天壤之别，我们都面临过选择或正在面临选择。我们将如何对待选择所造成的天壤之别呢？会扼腕叹息吗？会深深痛悔吗？会恨不能重新站在十字路口上吗？"所以，不要抱怨生活，自己的路自己走，既然选择了就不要抱怨，与其抱怨，倒不如想想如何改变。

在漫长的人生旅途中，我们要承担着许许多多的义务和责任，由此也会衍生出无数的烦恼与忧愁，让人心生抱怨。抱怨是一种心病，是一种习惯，要想化解它，重要的是学会自我调节，维持心理平衡。其实，我们没有必要抱怨生活，幸福不是一个固定的模式，幸福是自己在生活中感悟出来的。生活中难免会遇到这样或那样的不如意，理性地对待自己的生活，保持一颗平常心才是生命的真谛。

在富有、权力、荣誉和独占的爱当中去探求幸福，不但不会得到幸福，而且还一定会失去幸福。

05

第五章

放弃也是一种幸福

在人生的各个领域，我们需要取舍的太多了。得到了未必是幸福，失去了也未必是遗憾。放弃是一种选择，更是一种睿智。明智的放弃胜过盲目的执著，它能驱散乌云，清扫心房，让你不盲从、不迷失、不狭隘。当你能睿智而坦然地放弃的时候，你的生命就得到了升华，你的人生就得到了跨越！

01 放弃是一种智慧

昙花一现放弃了白天的绚烂，却带来了黑暗中绽放的生命；落叶归根放弃了生命，却带来了春的希望；青蛙冬眠放弃了冰雪中的荣耀，却得到了新的活力；天空在拥有太阳的辉煌时放弃了漫天的星光；梨树在拥有果实时放弃了纯洁的花朵；水珠在滴入河流时放弃了露水的晶莹。

人的一生很短暂，有限的精力不可能方方面面都顾及，而世界上又有那么多炫目的精彩，这时候，放弃就成了一种大智慧。放弃其实是为了得到，只要能得到你想得到的，放弃一些对你而言并不必需的“精彩”，又有什么不可以呢？三毛的放弃成就了她传奇般的一生；陶渊明归隐田园，放弃的是世俗腐化的官场，得到的是悠闲的生活与返璞归真的文化境界；屈原在纵身跃入汨罗江的一刹那，放弃了生命，得到的是纯洁的灵魂；鲁迅面对中国的现实毅然放弃了学医，成了文学界的泰山北斗，用犀利的文字唤醒了沉睡的雄狮；苏武面对威逼利诱，坚决放弃敌方的高官厚禄，成了阶下囚，却以坚贞的使节成就了千古佳话；南丁格尔面对简陋的医疗条件勇敢地放弃了富裕的家庭，做了低卑的护士，却领导了一代又一代的白衣天使。

贪婪是大多数人的毛病，有时候死死抓住自己想要的东西不放，只会给自己带来压力、痛苦、焦虑和不安。往往什么都不愿意放弃的人，结果却什么也得不到。

人生有太多的诱惑，不懂得放弃，只能在诱惑的旋涡中丧生。人生有太多的欲望，不懂得放弃，就会在人生的道路上迷失方向。人生有太多的无奈，不懂得放弃，就只能与忧愁相伴，希望我们都能学会放弃，学会选择我们的生活。大千世界中，需要放弃的东西原本很多，没有任何一个人可以拥有整个世界，对于不应该属于我们的，更要勇敢的放弃。在追求之中放弃，放弃之中追求。

世间有太多美好的事物，美好的人。对没有拥有的美好，我们一直在苦苦地向往与追求。似乎，有意无意已成为我们活着的一大目的，为了更多的获得，忙忙碌碌，糊里糊涂，真正的所需所想往往要在经历许多事情后才会明白，甚至穷尽一生也不知所终！而对已经拥有的美好，我们又因为常常得而复失的经历而存在一份忐忑与担心。

真正的聪明人懂得见风使舵，成功的人知道左右逢源，其实放弃的至高境界就成了灵活，所谓“户枢不蠹，流水不腐”讲的就是这个道理。坚守信仰本没有错，但故步自封却是不可取的，所以，该放手时就放手，因为前方的路还要我们去走，精彩还在后面。放弃，可以轻装前进；放弃，可以摆脱烦恼，摆脱纠缠，整个身心沉浸到轻松悠闲的宁静中去；放弃还会改善你的形象，使你显得豁达豪爽；放弃会使你赢得众人的信任，从而掌握主动；放弃会让你变得精明，更能干，更有力量。

其实放弃不是输赢的结果，更不是懦弱的表现，放弃是一种大度，一种释然，更是一种豁达。真的放弃了，你还会发现，这是一种脱胎换骨的境界，一种不言而喻的轻松，在心头折磨了你多年，让你进退维谷的念头就那么悄无声息地离你而去了，除了欣喜，你不该感激放弃吗？其实，有的时候，放弃一些东西并不代表你对它已经没有了眷恋，而是你知道它在你的心中的位置已经比自己的生命更重要，所以才不得不强忍伤痛的放弃。放弃并不是对追求的背叛，相反，有时倒更能执著于其间。要想采一束清新的山花，就得放弃城市的舒适；要想做一名登山健儿，就得放弃娇嫩白静的皮肤；要想穿越沙漠，就得放弃咖啡和可乐；要想永远有掌声，就得放弃眼前的虚荣。

人生总要面临许多选择，也要作出一些放弃。要学会选择，首先要学会放弃。放弃是为了更好地调整自我，集中精力于自己能做成的事。特别是在现代社会中，竞争日趋激烈，每个人的生存压力也越来越大，于是每个人都身不由己地变得“贪心”。追求越多，失望就越大，所以一定要保持清醒的头脑,做好人生的取舍。

在你手中的一丝满足,胜过别人的万缕希望。

02 大弃大得,不弃不得

随着人们生活水平的提高,家家都有不少已被更新淘汰但并未完全丧失功能的物品,有些人家舍不得丢弃,日积月累,无用之物越积越多,等到堆放不下了,只能惋惜地集中扔掉,并在疲劳的同时慨叹着“早知今日,何必当初”。

有些人则随时淘汰那些不再需要的东西,省去了集中处理的精力,平时家中也显得简洁明快。其实人生又何尝不是如此,即便过着平凡的日子,也依然会不断地积累,大到人生感悟,小到一张名片,都是从无到有,积少成多。无论你的名誉、地位、财富、亲情,还是你的烦恼、忧愁,都有很多该弃而未弃或该储存而未储存的。人类本身就有喜新厌旧的嗜好,都喜欢焕然一新的,学会放弃也就成了一种境界,大弃大得,小弃小得,不弃不得。在生活中学会遗忘不如意的事情,学会放弃生命中可有可无的东西,心胸自会坦然。

在人生的各个阶段,我们都会面临很多的选择和放弃,重要的不是我们获得了什么,也不是我们舍弃了什么,而是在忍受了那么多的失望和痛苦后,那个最终的结果是否还令我们快乐!当你付出了太多的努力,忍受了太多的失望和悲伤后,你的笑容还是不是发自内心的呢?

有一个聪明的年轻人,很想在各个方面都比他身边的人强,他最想成为一名大学问家。可是,许多年过去了,他的其他方面都不错,学业却没

有长进。他很苦恼，就去向一位大师求教。大师说："我们登山吧，到山顶你就知道该如何做了。"那山上有很多晶莹的小石头，很是迷人。每见到他喜欢的石头，大师就让他装进袋子里，很快，他就吃不消了。"大师，再背，别说到山顶了，恐怕连动也不能动了。"他疑惑地望着大师。"是呀，那该怎么办呢？"大师微微一笑。"该放下，不放下背着石头咋能登山呢？"大师笑了。

年轻人一愣，忽觉心中一亮，向大师道了谢走了。之后，他一心做学问，进步飞快。其实，人要有所得，就必有所失，只有学会放弃，才有可能登上人生的最高峰。很多时候，我们羡慕在天空自由飞翔的小鸟，人，其实也该像这鸟儿一样，欢呼于枝头，跳跃于林间，与清风嬉戏，与明月相伴，饮山泉，觅草虫，无拘无束，无羁无绊。这才是人类应有的生活。然而，这世上终还有一些鸟，因为忍受不了饥饿、干渴、孤独乃至于"爱情"的诱惑，从而成为笼中之鸟，永远地失去了自由，成为人类的玩物。与人类相比，小鸟面对的诱惑要简单得多。而人类，却要面对来自红尘之中的种种诱惑。于是，人们往往在这些诱惑中迷失自己，从而跌入欲望的深渊，把自己装入一个打造精致的所谓"功名利禄"的金丝笼里。这是鸟儿的悲哀，也是人类的悲哀。然而更为悲哀的是，鸟儿被囚禁于笼中，被人玩弄于股掌之上，就会欢呼雀跃，放声高歌，呢喃学语，博人欢心；而人类置身于功名利禄的包围中，就会自鸣得意，唯我独尊。这应该说是一种更深层次的悲剧。

古人云:无欲则刚。这其实是一种境界,一种修养。没有太多的欲望,就会活得更加简单,更加洒脱,更加自由。因此,我们在滚滚红尘中,要怀有一颗平和之心,挡住各种诱惑,做一件平常事,学会放弃许多,当一个平凡人,简简单单地生活。

传说有一种小虫,每遇一物便取来负于背上,越积越重,又不愿放下一些,终于被压趴在地上。有人可怜它,帮它取下一些负重,它爬起来继续前行,遇物又取之背负如故。紧闭的窗户前有一只蜜蜂,它不断地振起翅膀向前冲去,撞上玻璃跌落下来,又振翅飞起撞过去……如此反复不断,直至力竭而死。物类亦如此,人则更是固执。人总喜欢给自己加上负荷,不肯轻易放下,自谓为“执著”,执著于名于利,执著于一份痛苦的爱,执著于美妙的梦,执著于空想的追求。数年光华逝去,才嗟叹人生的无为与空虚。我们总是固执地前进,由“我想做什么”到“我一定要做到什么”,理想与追求反而成为一种负担。冥冥之中有人举着鞭子驱使着我们去追赶,但是我们追得到什么?夸父始终也没能追上太阳的东升西落。

人生是复杂的,有时又很简单,甚至简单到只有取得和放弃。应该取得的完全可以理直气壮,不该取得的则应当毅然放弃。取得往往容易心地坦然,而放弃则需要巨大的勇气。若想驾驭好生命之舟,每个人都面临着一个永恒的课题:学会放弃!

适当的放弃何尝不是一种美德。或许有另一扇窗户开着,蜜蜂掉头就能飞出去。外面是自由的天,自由的地,自由的空气,自由的心!

世间万物,你有所取就必定有所舍。在你取得一件东西的同时,也必定会失去一件东西。取舍之间要有胆量。

03 在放弃中获得进步

人生在世，有得有失，有盈有亏。有人说得好，你得到了名人的声誉或高贵的权力，同时就失去了做普通人的自由；你得到了巨额财产，同时就失去了淡泊清贫的欢愉；你得到了事业成功的满足，同时就失去了眼前奋斗的目标。我们每个人如果认真地思考一下自己的得与失，就会发现，在得到的过程中也确实不同程度地经历了失去。整个人生就是一个不断地得而复失的过程。

不管你现在已经是领导，还是正在往领导的位置上“爬”，学会放弃和牺牲都是必备的素质。这是一个不间断的付出过程，会随着你所处位置的上升而增加，而不仅仅是一时的付出和牺牲。很多极有成就的领导者都表示，在成为领导的初期，牺牲是必须的，如果你想获得更多的上升机会，拥有更大的发展空间，就必须放弃更多的东西，做出更大的牺牲。因此，当你坚信自己选择的方向是正确的时候，就要毫不犹豫地放弃一些东西，如果你什么都想要，最后可能什么都抓不住。

美国通用汽车公司前董事长汤姆·墨菲，从1937年就加入了通用汽车公司，但开始的时候他对是否接受这份工作迟疑了好一阵子——因为这份工作的月薪只有可怜的100美元，这些钱在当时只能勉强维持他自己一个人的生活。尽管对这份薪水很不满意，但他同时也认为：在通用汽车公司可能有很多很好的发展机会，而机会是用钱买不来的。考虑再三后，他接受了这份工作并坚持了下来。事实证明，他的选择是正确的，最后他从月薪100美元的普通工人变成了通用汽车的董事长。

一个人要想成为领导者，要想获得更大的提升，不仅要在必要的时候降低自己的薪酬标准，有时候还需要放弃自己的某些权利。美国一位著名的管理学专家曾说：“当你成为一个领导者的时候，你就要失掉为自己思考的权利、享受家庭温馨的权利以及自由安排生活的权利。”

领导者必须懂得放弃才能获得进步，这是一个普遍的规律。翻阅古今中外任何一位领导者的履历记录都会发现，他们在不断地放弃，不断地做出牺牲，并且成就越高的领导者，放弃得往往越多。

像美国黑人民权运动的领袖马丁·路德·金一样的伟人们，他们所做出的牺牲是我们难以想象的。马丁·路德·金的妻子科若特·斯科特·金在《我与马丁·金一起度过的日子》中写道：“我们家的电话没日没夜地响着，有人还用恐吓的言辞进行威胁……到最后，那些打电话的人威胁我们，再不马上离开这座城市就要杀害我们全家。尽管我们的生活中充满了各种威胁和飘忽不定，可我还是觉得很受鼓舞，甚至感到很振奋。”马丁·路德·金在领导民权运动期间，曾多次被捕入狱，曾无数次受伤直至被害，他为自己所领导的事业牺牲了一切。

俗话说，有得必有失；反过来，有失必有得。因此，得到了不一定就是好事，失去了也不见得就是坏事。不论是有意的丢弃，还是意外的失去，总有一些东西你会得到，短暂的痛苦若能换来长久的快乐，一时的付出若能得到永远的安宁，又有什么不可以呢？谁能说明智的舍弃不是一种更大的获得呢？

不要挑剔已经选择了的东西，而要去记住你当初选择它的时候，所看到的它的好处。

04 珍惜现在所拥有的

在我们身边，总有一些人陷在对往事的追忆里不能自拔，为已经打翻的牛奶而哭泣，这些人不会明白，现在所拥有的才是我们最值得珍惜的。还有的人沉浸在对未来的憧憬里，只梦想未来，不珍视现在，而让可能会成为现实的机会白白流失。这样一些人，从来不知道现在拥有的才是最珍贵的。

人生匆匆，为使自己的一生不留下遗憾，就要学会珍惜，懂得珍惜。珍惜现在所拥有的一切，让自己的生活多几分舒适，少几分苦楚。当你感觉到你曾经拥有的东西渐渐远离你的时候，再竭力去挽留，去弥补，也许已经太迟了。人总是这样，在无数次告诫自己要珍惜的时候，结果往往是偏要失去。

珍惜现在拥有的一切，不管是遭遇痛苦还是快乐，笑对生活每一天，不让青春虚度，碌碌无为，将来在回首往事的时候，你才能无悔无怨！

但是，总有一些人往往是拥有时不珍惜，一旦失去后才觉得宝贵。或许在不幸降临之前，我们一直在不断地追求幸福。殊不知，事实上我们早已拥有幸福，人们很少想到自己拥有什么，总是想着自己缺少什么。不要感叹你失去或未得到的，而应珍惜你现在已经拥有的。

曾经有个男孩种了一株玫瑰，放在向阳的窗台上，那是他和一个女孩一起去买的种子和花盆。男孩总是对女孩说：你在我的心中永远是最美好的，我要种出最美的玫瑰花送给你。

女孩总是微笑地看着他，看他用专注的神情替玫瑰浇水施肥，看他用期待的眼神注视着眼前的盆栽。每当此时，女孩总会想起，当她与他第一次相见时，男孩正是用这样的神情注视着她。

在男孩用心的灌溉培育之下，日子一天天过去，玫瑰也长出了芽，生出了枝叶……

不久，男孩迷上了吃药、上网与 BBS，常和一群朋友玩在一块，几天不找女孩是常有的事。女孩越来越难找到他，女孩很担心他。

每次男孩回到家，总是会先去看看窗台上的玫瑰，看到玫瑰垂头丧气、病怏怏的，他总是心疼地责怪自己的疏忽，赶紧为它浇水施肥，日夜守护着它，希望玫瑰早日开出美丽的花朵……一天，他惊喜地看到玫瑰长出

第一个花苞，高兴地打电话给女孩。等了很久电话的女孩，开心地听他用兴奋的语气说着："很快我就可以送你一束我亲手种的玫瑰了！"

男孩依然成日成夜地去玩，在家的时间越来越少。一天，当他回到家，低垂的玫瑰知道主人回来了，微微地抬起头。可是男孩太累了，倒在床上就进入了梦乡，第二天又匆忙出门去了。

许久未见到男孩的女孩，终于来到男孩的家，她看到干枯的玫瑰却仍残留着一片花瓣，似乎不放弃地在等着她。也许玫瑰也知道它的主人曾经那样用爱去灌溉它，就是为了让女孩能看到它美丽的绽放。

女孩看到地上有一张相片，是另一个女孩。她灿烂地笑着，是自己也曾有过的笑容。女孩看着奄奄一息的玫瑰，再看看镜中憔悴的自己，不禁滴下了一滴眼泪，而残存的最后一片花瓣也在此时落下。

回到家的男孩着急地奔向窗台，却看到原本放置玫瑰的地方放着一

盆仙人掌，还有一张字条。上面是女孩秀丽的笔迹：我走了！送你一株仙人掌，它不用时时浇水与照顾。但我希望你明白：不管多耐旱的植物，也会有枯死的一天。

男孩终于醒悟，他一直把女孩温柔的等待视为理所当然，却忘了她毕竟不是一株仙人掌。而此时他才意识到女孩是他心中永远的玫瑰花。

佛经里有这样一句话：幸福就在眼前。试问：自己现在幸福吗？或许很多人会摇头，因为他们还没有拥有自己的希望。可是当你失去眼前的一切，经过一番轮回，重新得到自己曾经拥有的种种，你肯定会觉得自己现在正处在幸福的巅峰。

所以，从现在开始，珍惜眼前所拥有的一切吧，不要等到失去的时候才懂得珍惜，到那个时候就来不及了！已经过去的昨天是一张过期的"支票"，明天是一张还未填写数字的空白"支票"，只有今天的"支票"是最有效的。我们只有好好地珍惜身边的人,珍惜现在,才是最重要的。

珍惜现在拥有的,过去的已经过去,我们可以用所有的热情和精力去把握现在,用更多的爱去关心我们身边的人,让他们幸福、快乐!

朋友,请珍惜你现在拥有的,享受眼前人间的美好人生吧!

幸福没有明天,也没有昨天,它不怀念过去,也不向往未来,它只有现在。

05 眼前的更重要

大部分的人都没有活在现在,不是活在“过去”,就是活在“以后”。人生有许多宝贵的时光都溜走了,因为我们的心都被过去和未来占满了。

我们总是想要这个或那个,如果不能得到我们想要的,就会不停地去想它,并且保持一种不满足感。如果我们确实已经得到想要的,我们又在新的环境中重新创造同样的想法。因此,尽管得到了我们所想要的,我们仍然会不满足。当我们贪婪不知足时,是得不到幸福的。

一位心理学家指出:最普遍的和最具破坏性的倾向之一就是集中精力于我们所想要的,而不是我们所拥有的。这对于我们拥有多少似乎没有什么影响;我们仅仅不断地扩充自己的欲望名单,这就确保了我们的不满足感。你的心理机制说:“当这项欲望得到满足时,我就会快乐起来。”可是一旦欲望得到满足后,这种心理作用却不断重复。

拥有的人想放弃,没有的人想拥有,也许这就是生活。但生活同时也告诉我们:有些东西可能失而复得,如健康、地位、金钱;有些东西一旦失去便不会再有，如青春、友谊、爱情、生命。

每次当你注意到自己跌入这种“我期望生活有所不同”的陷阱中时，爬出来，并且重新来过。吸口气，记住要感激你所拥有的一切。当你的精力不是集中于你想要的，而是集中于你所拥有的时，不管怎样你都会结束这种要得到更多的想法。

世界上最珍贵的东西是现在拥有的。我们拥有健康的身体，拥有蔚蓝的天空，拥有清新的空气，拥有爱我们的人和我们爱的人，这些难道不值得我们去珍惜吗？人生没有再回首，时光倒流只是美好的想象，而未来如果没有今天的努力拼搏，也不会实现自己的理想。

珍惜你现在拥有的，这是你最宝贵的一笔财富，请好好利用它吧！

生命中的很多事，你错过一小时，很可能就错过一生了。

06 吃小亏占大便宜

吃亏是福，因为人都有趋利的本性，你吃点亏，让别人得利，就能最大限度地调动别人的积极性，使你的事业兴旺发达。

八九十年前，香烟在中国还是个新鲜玩意儿。那时候，中国人都习惯于吸旱烟和水烟。而就在这个时候，上海突然出现了一种奇怪的烟，虽然它和水烟、旱烟一样吸，不过不是用铜的水烟袋和竹的烟杆吸，而是用白纸将烟丝卷成细长的小棒，就是现在的香烟。

在帝国主义列强强迫清政府签订了《大开通商口岸》的不平等条约后，一些外国人头戴高帽子，肩上背着纸盒子，手里拿着西洋广告牌，不时地在上海的交通要道，茶园、酒肆、戏院等公共场所出现。他们走到人多的地方，便伸手从背着的纸盒里掏出一只小盒子拆开，抽出一支支雪白的长棒，往人家的嘴里送。当人家觉得惊奇不肯接受时，他们便自己叼上一

支，点上火，吸给人们看。等一股股的白烟从他们的嘴边消散，他们就呵呵地笑着，操着蹩脚的中国话喊："好东西，香烟！送给你们的……"随着叫声，他们又抓起小盒子，往人堆里抛。

这些洋人为什么要到处送香烟呢？原来，他们是英、美烟草公司派到中国的推销员。这些推销员刚踏进中国领土的时候，很想把他们从国外带来的香烟卖给中国人，可是当时的中国人不习惯吸这种烟，谁也不理睬他们。于是，他们就想到了这个"吃小亏占大便宜"的办法，先来个"免费赠送"。过了一段时间，他们见中国人渐渐地学会了吸香烟，就开始在市场上大量推销。到20世纪初，他们在上海浦东陆家嘴办了烟厂，并合伙开设英美烟草公司，最后达到垄断香烟市场的目的。

当你的新产品要打开某一市场时,重要的是要获得当地居民的认同。改变他们的某些消费观念,无偿为他们提供产品试用或大胆赠送,不失为一个较好的策略,虽然会损失一点利益,但你得来的将是一个巨大的市场,带来更大的利润。

当然,吃亏也是有技巧的,会吃亏的人,亏吃在明处,便宜占在暗处,让你被占了便宜还感激不尽,这既是经商的智慧,也是人生的智慧。

人都有趋利的本性,你吃点小亏,让别人得利,可以最大限度地调动别人的积极性,为自己的事业增添助力。

07 舍掉一些无谓的忙碌

许多人整日行色匆匆,疲惫不堪。放眼四周,“我好忙”似乎成为一般人共同的口头禅,忙是正常,不忙是不正常。

奇怪的是,尽管大多数人都已经忙昏了,每天为了“该选择做什么”而无所适从,但绝大多数的人还是认为自己“不够”。这是最常听见的说法,“如果我有更多的时间就好了”,“如果我能赚更多的钱就好了”,好像很少听到有人说:“我已经够了,我想要的更少!”

有时候,太多选择的结果,反而变成无可选择。即使是芝麻绿豆大的事,都在拼命消耗人们的精力。一份调查表明,50% 的美国人承认,每天为了选择医生、旅游地点、该穿什么衣服而伤透脑筋。

有一次,一只鼬鼠向狮子挑战,要同它决一雌雄。狮子果断地拒绝了。

“怎么,”鼬鼠说,“你害怕了吗?”

“非常害怕，”狮子说，“如果答应你，你就可以得到与狮子比武的殊荣；而我呢，以后所有的动物都会耻笑我，竟和鼬鼠打架。”

你如果与一个不是同一重量级的人争执不休，就会浪费自己的很多资源，降低人们对你的期望，并无意中提升对方的层面。同样的，一个人对琐事的兴趣越大，对大事的兴趣就会越小，从而使非做不可的事越少。越少遭遇到真正的问题，人们就越关心琐事。

分工以及权力范围在自然界中是相当明确的。狮子只会对羚羊、野牛等大型食草动物感兴趣，它即使再饿也不会去追逐老鼠，因为它们不在自己的权力范围之内。这里的“权力范围”并不是说狮子无权决定老鼠的生死，而是不直接决定，直接决定老鼠生死的是蛇和猫头鹰。

但有些人却不具备动物的这种智慧。他们整日徘徊在下属周围，在一些微不足道的琐事中投入自己的精力，总是对下属的工作指手画脚，最终忽略了本该由自己负责的更加重要的事情。在现代企业中,每个人的角色都是事先确定好了的,每个人所应负责的职责范围也是明确的。要想组织正常运转,每个人就必须各司其职,做好自己职责内的工作,不越权,也不干涉下属的工作。这样,自己才不会被无关紧要的小事所缠住,才能透过小问题发现更大的隐患,才能保持清醒的头脑处理更重要的问题。

威廉·詹姆斯说过:"明智的艺术就是清醒地知道该忽略什么样的艺术。"不要为过多不重要的人和事分神。因为成功的秘诀在于把精力全部集中在目标上,而不是关注那些微不足道的小事。

孟子说:"精力集中在一点上能成就万事,志向确定在一件事情上,并全心全力投入上去,不避险阻,不辞艰苦,不计患难,不计得失,不计生死,这样就是前面有移山倒海的大困难,也能妥善解决。"又说:"以精深的学识,坚定的恒心,运用精进的力量,还有什么做不成的事情呢?还有什么难以造就的成功呢?"

任何时候都要记住:假如你是狮子,请不要理睬老鼠。

08 失去只不过是新的开始

在人的一生中,要经历无数的失去,而勇于承受失去的事实,是走出失去的阴影、获得重新生活勇气的关键。当我们失去了曾经拥有的美好时光,总是会更加感叹人生路的难走。其实大可不必如此,不管人生的得与失,我们都应致力于让自己的生命充满亮丽与光彩。其实,失去只不过是新的开始。

俄国伟大诗人普希金在一首诗中写道："一切都是暂时，一切都会消逝，让失去变为可爱。"

居里夫人的一次"幸运失去"就是最好的说明。1883 年，天真烂漫的玛丽亚(居里夫人)中学毕业后，因家境贫寒没钱去巴黎上大学，只好到一个乡绅家里去当家庭教师。她与乡绅的大儿子卡西密尔相爱，就在他俩计划结婚时，却遭到卡西密尔父母的反对。这两位老人深知玛丽亚生性聪明，品德端正，但是，贫穷的女教师怎么能与自己家庭的钱财和身份相配呢？

父亲大发雷霆，母亲几乎晕了过去，卡西密尔屈从了父母的意志。

失恋的痛苦折磨着玛丽亚，她曾有过"向尘世告别"的念头。玛丽亚

毕竟不是平凡的女人，除了个人的爱恋，她还爱科学和自己的亲人。于是，她放下情缘，刻苦自学，并帮助当地贫苦农民的孩子学习。几年后，她

又与卡西密尔进行了最后一次谈话,卡西密尔还是那样优柔寡断,玛丽亚终于砍断了这根爱恋的绳索,去巴黎求学。这一次“幸运的失恋”,就是一次失去。

如果没有这次失去,她的历史将会是另一种写法,世界上就会少了一位伟大的科学家。

失去的东西并不一定是最好的东西,最好的东西总在将来。何不换一种思维——这次的失去不正是让我重新上路的机会吗?如果没有这次的失去,今后的生活肯定不会如此的精彩,如此的独立。

达尼是一个很有事业心的人,他在一家业务公司上班,跟着老板一干就是5年,从一个刚毕业的大学生一直做到了分公司总经理的职位。在这5年里,公司逐渐成为同行业中的佼佼者,达尼也为公司付出了许多,他很希望通过自己的努力将企业带入一个更加成功的境地。然而就在他兢兢业业拼命工作的时候,达尼却发现老板变了,变得不思进取、“牛”气十足,对自己渐渐不信任,许多做法都让人难以理解。而达尼自己也找不到昔日干事业的感觉。

同样,老板也看达尼不顺眼,说达尼的举动使公司的工作进展不顺利,有点碍手碍脚。不久,老板把达尼解雇了。

从公司出来后,达尼并没有气馁,他对自己的工作能力还是很自信的。不久,达尼发现有一家大型企业正在招聘一名业务经理,于是将自己的简历寄给了这家企业,没过几天他就接到面试通知,然后便是和老总面谈,最终顺利得到了这份工作。工作大约一个月时间,达尼觉得该公司总经理是一个很有气魄和工作能力很强的人。同时,他也感到总经理同样十分赏识他的才华与能力。工作之余,总经理经常约他一起去游泳、打保龄球或者参加一些商务酒会。

在工作中,达尼发现公司的企业图标设计相当繁琐,虽然有美感,但却缺乏应有的视觉冲击力,便大胆地向总经理提出更换图标的建议。没想到总经理也早有此意,他把这件事安排给达尼去完成。为了把这项工作做好,达尼亲自求助于图标设计方面的专业人士,从他们设计的作品中选出了比较满意的一件。当他把设计方案交给总经理的时候,总经理大加赞赏,立马升达尼为公司副总,薪水增加一倍。

这个例子告诉我们:失去只不过是一个新的起点,绝对不是生活的终点。

“塞翁失马,焉知非福。”很多人因为失去才有了更好的获得,比如失明而有《二泉映月》、瘫痪而有《钢铁是怎样炼成的》……生活中其实没有什么东西是不能放手的。你应该庆幸你失去了一些东西,要不然你怎么会发现失去后的世界是如此的美好,失去后的生活又有了新的开始。坦然地面对失去,幸福的阳光就会洒满你的心扉。

得到了未必是幸福,失去了未必是缺憾。

06

第六章

真正的幸福取决于你的态度

人人都在努力地追求幸福的生活，而一个人能否获得幸福，最重要的因素不是你拥有多少财富，更不是年龄、性别以及家庭等，而是一份来自于轻松的心情和健康的态度。每个人都应该把注意力集中在生活中开心的事情上，感受生活美好的一面，这样才能真正感受到幸福。

01 调整心态，享受自己的幸福

生活中，许多人认为，幸福就是拼命挣钱，当积蓄能够满足自己的挥霍后，幸福的人生才会拉开序幕。而在这之前，就要不停地拼搏和奋斗，直到精疲力竭的那一天。

人是幸福的享有者，也是幸福的制造者。幸福的获得，在很大程度上要靠自己调整心态。在调整心态中制造快乐，在调整心态中体验快乐，在调整心态中享受快乐。因为享有和制造幸福的过程，也是不断进行自我心理调整的过程，通过有效的心理调整，使自己始终保持一种平和的心态，去真切地感受自己本该享有的幸福。

生活中，人们往往有这样的切身体会，看待一件事情，出发点不同，最后得到的结论也不一样。而对于幸福也是如此，同样的生活，对于不同的人却有不同的感受。

她已经92岁高龄了，身材娇小但仪态自若，略带几分矜持。她每天早晨都在8点钟前穿戴完毕，头发做成时髦的样式，面部的化妆也是十分精致完美，而她实际上已经双目失明。

今天，她要被送进一家养老院。她70岁的丈夫前不久去世了，她不得不住进养老院。

在养老院的大厅等候了数小时，当有人告诉她，她的房间已准备就绪时，她的脸上露出了甜甜的笑容。她转动步行器进入电梯，护士对她那小小的房间进行了一番描述，包括挂在窗户上的镶有小圆孔的窗帘。

“我真喜欢！”她说道，流露出的热情简直和一个8岁的孩子得到一个新的小狗一样。

“琼斯夫人,您还没有看到房间……”

“这和看不看没有什么关系,”她回答,“快乐是你事先决定好的:我喜欢不喜欢我的房间并不取决于家具是怎样安排的,而在于我怎样安排我的想法。我已经决定喜欢它……

“这是我每天早晨醒来后做的决定:我可以选择接受变化,并在种种变化中寻找最佳;我还可以选择担忧那些可能永远不会发生的‘假如’;我可以整天躺在床上,琢磨我身体哪些部分不灵了,给我带来这样或那样的困难;我也可以从床上起来,对我身体还有许多部位能工作心怀感激。每一天都是一份礼物,只要我睁开眼睛,我就决定不去老想那些已经‘发生在我身上’的事情,而是专注于我已使之发生的事情。

“我有 5 条简单易行的快乐法则:

1. 心中不存憎恨。

2. 脑中不存担忧。

3. 生活简单。

4. 多点给予。

5. 少点期盼。”

世上本来都是快乐的事情，所谓痛苦都是自己内心产生的。正如法国杰出作家罗曼·罗兰所说：“一个人快乐与否，决不依据获得了什么或是丧失了什么，而只在于自身感觉怎样！”年轻的著名指挥家彭家鹏对此也深有体会。彭家鹏早年在上海音乐学院和中央音乐学院学习作曲和指挥，被认为是很有天赋的青年指挥家。可在获得硕士学位之后，他却出人意料地告别了音乐。为什么？因为音乐家“太穷、太苦”。他来到香港，成为一名地道的商人，一身名牌，出入商界名流之间，赚了很多钱，但他感到自己并不快乐。终于，他重新选择了音乐，报名参加第35届国际康德拉申指挥大师班，被破格录取，并荣获“康德拉申大师班奖”，后又申请到乌克兰国际指挥大师班学习，并以第一名毕业。彭家鹏重新拿起指挥棒，成为中国广播民族乐团艺术总监，告别了锦衣玉食的生活，又回归到简单朴素的生活中来。这时，他才最终找到满足与快乐。

你自己的心态就是你真正的主人，要么是你去驾驭生命，要么就是生命驾驭你。你的心态决定了你的坐骑。其实在生活中，我们在很多情况下不是被事情本身所困扰，而是被对事情的看法所困扰，正如古希腊哲学家德谟克利特所说：“幸福不在于占有群体，也不在于占有黄金，它居住在我们的灵魂之中”。

有的人大富大贵，别人看他很幸福，可他也有自己的烦恼，似乎是身在福中不知福，心里老觉得不痛快；有的人，别人看他离幸福很远，他自己却时时与快乐邂逅。因此，只有我们摆正了心态，做好自己的工作，才会很容易享受到属于自己的那一份快乐和幸福。

拥有未来幸福的最好办法，就是尽可能地享受今天的幸福。

02 幸福就是做自己喜欢的事

幸福其实就是一种感觉，只要你体会到了，那幸福就属于你。人生有太多的事，如果你做的正是你喜欢的事，那你应该能体会到一种幸福的感觉。

人生要追求幸福，而人生又是一个做事的过程，所以幸福肯定是寓于做事之中。因此，享受做事的乐趣就成为我们打开幸福之门的金钥匙。我们要把生活中最感兴趣的事，作为自己首要做的事。

一个人如果能根据自己的爱好去选择事业的目标，他的主动性将会得到充分发挥。即使十分疲倦和辛劳，也总是兴致勃勃、心情愉快；即使困难重重也绝不灰心丧气，而是想尽办法，百折不挠地去克服它，甚至废寝忘食，如醉如痴。

郭木有一个做医生的朋友，几年前到一家宾馆去开会，一眼瞥见领班小姐，貌若天仙，便向前搭讪。小姐莞尔一笑，用一种很不经意的口气说："先生，没看见你开车来哦。"这位朋友当即如雷轰顶，大受刺激，从此立志加入有车族。

后来他们在一起吃饭，几杯酒下肚之后，这位朋友告诉郭木，准备把开了一年的"昌河"小面包卖掉，换一部新款的"爱丽舍"。然后又问郭木买车了没有？郭木老老实实地回答，还没有，而且在看得见的将来也没有这种可能性。他同情地看着郭木："唉！一个男人，这一辈子如果没有开过车，那实在是太不幸了。"

这顿饭让郭木吃得很惶惑。因为按他目前的收入水平，买部“爱丽舍”，他得不吃不喝地攒上好几年。更糟糕的是，他有一天终于买上了汽车，也许在他还没有来得及品味“幸福”滋味的时候，一个有私人飞机的家伙就会同情地对他说：“一个男人没开过飞机太不幸了！”那他这辈子还有救吗？

这个问题让郭木坐立不安了很长时间。如何挽救自己，免于堕入“不幸”的深渊，让他甚是苦恼。直到有一天，他无意中看到了在台湾创立济慈医院的证严法师在一次讲法时说的一段话：有菜篮子可提的女人最幸福。因为幸福其实渗透在我们生活中点点滴滴的细微之处，人生的真味存在于诸如提篮买菜这样平平淡淡的经历之中。我们时时刻刻拥有着它们，却无视它们的存在。

郭木恍然大悟。原来他的这位医生朋友在用一个逻辑陷阱蓄意误导他:没有汽车是不幸的;你没有汽车,所以你是不幸的。但这个大前提本身就是错误的,因为“汽车”与“幸福”并无必然的联系。

在一个成功人士云集的聚会上,郭木激动地表达了自己内心深处对幸福生活的理解:“不生病,不缺钱,做自己爱做的事。”

会场上爆发了雷鸣般的掌声。

幸福就是做自己喜欢做的事,这种幸福带着一种自由自在的快乐。能有这样的幸福,你的人生会更加充实起来。因为喜欢,你会迸发出无穷的活力;因为喜欢,再大的困难你也敢于克服;因为喜欢,你会勇往直前,绝不轻言放弃;因为喜欢,你会永远感觉前面水阔天高,阳光似锦。做自己喜欢的事,使我们找到人生的最高价值,我们能不感觉幸福么?

一个人,只有不为了迎合他人的需要而活着,做自己喜欢的事情时才是最幸福的。

03 心头若无烦恼事,便是人间好时节

古诗云:“天长地久有时尽,此恨绵绵无绝期。”烦恼也是一样,从小到大,烦恼无时不有。其实,这个世界上并没有那么多烦恼,只是你日复一日地主动寻找着烦恼。无穷的烦恼让我们错过了不知道多少人生路上的美好瞬间。

在当今社会,自寻烦恼的人比比皆是,他们越陷越深,最终丢失了本应属于自己的幸福。因此,要做一个快乐的自己,就要懂得抛弃烦恼,以开朗的心态将自己融入生活中,才会体会到人生的美好。

有一位大学生小张,大学期间各门功课成绩都是优良,可毕业后被分配在一个偏远的小镇上。从梦想的伊甸园,进入平庸、烦琐的现实,他觉得像从天堂掉进了地狱。为了改变自己的命运,他把希望寄托在研究生考试上,并将这看成他生活的唯一出路。但由于诸多的烦恼困扰,他名落孙山。为了自己的前途,他凭借着意志力一次又一次捧起书本,却一次又一次因烦恼而毫无成效。数次失败后,他停止了努力。悲哀、苦恼、绝望将他紧紧地包围,他开始天天买醉,不再上班,他的精神已经彻底地崩溃了。

最后,小张决定去找大学时候的心理教授,请求他的帮助。小张向教授倾诉诸多的烦恼,教授让他把烦恼一个个写在纸上,判断其是否真实,一并将结果也记在旁边。

经过实际分析,小张发现其实自己真正的困扰很少,他看看自己那张

困扰记录,不禁说道:“无病呻吟!”教授注视着这一切,微微对他点头。于是,教授说:“你曾看过章鱼吧?”年轻人茫然地点点头。

“有一只章鱼,在大海中,本来可以自由自在地游动,寻找食物,欣赏海底世界的景致,享受生命的丰富情趣。但它却找了个珊瑚礁,然后动弹不得,呐喊着说自己陷入绝境,你觉得如何?”教授用故事的方式引导他思考。他沉默一下说:“您是说我像那条章鱼?”年轻人自己接着说:“真的很像。”

于是,教授提醒他:“当你陷入烦恼的习惯性反应时,记住你就好比那条章鱼,要松开你的两只手,让它自由活动。困住章鱼就是自己的触角,而不是珊瑚礁的枝杈。”

哲人说:“使我们烦恼、忧郁的都是芝麻小事,我们可以躲闪一头大象,却躲不开一只苍蝇。”其实世界上根本没有那么多值得烦恼的事情,人的烦恼常常是来自于自己。所以佛说,应该降伏其心,告诫我们不要为烦恼而烦恼。当你真正觉得烦恼无所谓的时候,烦恼也就自然而然的不见了。

一位作家在成名前十分潦倒,寄居在一个大杂院里,因为怀才不遇,心中一直感到很郁闷。

每到傍晚他总能听到从隔壁澡堂传来的洗澡声和小孩子的喧闹声,一听到这些声音,他就感到十分焦躁与无奈。有时不知从什么地方飘来一股莫名的烤鱼味,让饥肠辘辘的他感到不安。因为囊中羞涩,他总是有上顿没下顿的。

一天,在烦闷之余,他透过窗子,忽然看到隔壁有个简朴的小花台上种有几百盆花,绿意盎然地并排在水泥砖块上,整齐划一的小花盆中有玫瑰、杜鹃等。他看到花台旁有一位衣着整洁的老人正在那里浇花。以后每到傍晚,他就会看到那位老人停下来对他说:“从这美好地方可以眺望远方,很不错吧!”这时,又跑过来一大群孩子,老人亲切地招呼着这些小孩。

突然之间,这位作家好像领悟了一切。孩子的嬉笑声再也不会让他

感到厌烦，邻居的麻将声、嘈杂的音乐声再也不会引起他的愤怒，甚至连隔壁恼人的油烟味也会令他想起“母亲的味道”。

每个人都有享受生活的时候，也有被生活所恼的时候，如何对待它们，在很大程度上取决于我们心中接受的对象是快乐还是痛苦。人生是非、烦恼无时无刻不在我们生活中发生，用乐观的心去看待世界上的一切，用平静的心情待人接物，自会远离烦恼的纠缠。记住：心头若无烦恼事，便是人间好时节。

生活就是一面镜子，你笑，它也笑；你哭，它也哭。

04 绝不要认为自己一无所有

时下，经常有人抱怨说自己一无所有，但是任何人都不会一无所有，即使一贫如洗的人——至少还可以拥有积极的态度和改变现状的想法。只要你对未来充满希望，你就能拥有自己想要的东西。

很多时候，自己把自己看做什么，那么你就是什么。你认为自己一无所有，也许就破罐破摔、精神不振，不去与命运抗争，结果你不可能富有；在自己非常贫穷或存在相貌缺陷的时候，但是你能积极面对，积累知识及才能，随时向命运发起挑战，那么通过你的奋勇拼搏，即使成不了富翁，也完全可以改变现状。

“钢铁大王”安德鲁·卡内基在一次演讲中曾经这样说：“对于那些生来就一无所有的年轻人，我向他们表示祝贺。因为他们出生在一个令人振奋的境地，这种环境迫使他们必须奋发努力、顽强拼搏，从而改变自己的不利处境，出人头地。对一个年轻人而言，他要背负的最重的一个包袱莫过于一个装满了各种财富证券的包袱。他们通常会被这样的包袱压得站立不稳，左摇右晃，根本无法正常前进。

“现实社会中，有很多年轻人，他们没有任何资源和靠山，完全依靠自己的力量努力拼搏，最终站在了最优秀者的行列，成为社会的精英。他们无愧于他们所获得的所有荣誉，因为他们的前进过程是那样的艰难和不易。”

现实生活中，白手起家，仅凭一己之力成就自己事业的人不胜枚举。

凯蒙斯·威尔逊的父亲在凯蒙斯·威尔逊5岁的时候因病去世，留下了空荡荡的家。凯蒙斯·威尔逊的母亲非常坚强，虽然家里一无所有，可她下定决心：无论生活多么艰苦，都要把儿子抚养成人，并让他在这个世界上有一块立足之地。

此后不久，威尔逊的母亲多尔带着威尔逊来到了孟菲斯市，寄居在威尔逊外祖母家。即使有政府的资助，他们的生活依然穷困，多尔别无选择，只得走出家门去工作。她先后从事过牙医助手、书记员等工作，但每个月的收入从来都没超过120美元。家里的生活依然十分拮据，用威尔逊自己的话说："这样的生活，你能想象得出吗？那是多么的艰难和不易，当时感觉真是度日如年。"

在这样的家庭背景之下，威尔逊12岁就开始外出挣钱了。他先是给别人打工，后来慢慢积累，开始尝试自己创业。威尔逊先后摆过地摊、卖过爆米花、经营过弹球机、开过电影院，在不断的闯荡中，事业逐渐有了起色。30岁的时候，威尔逊已经是孟菲斯市的著名企业家。

的确，很多时候，"一无所有"也是一种优势、一种成功的资本，只要你有正确的生活态度。

幼年的艰苦生活使威尔逊比别人更努力、更坚强，无论生意上遭遇怎样的困难，他都能顽强地克服，凭着坚忍不拔的毅力和决心，依靠自己的努力改变了生活的困境。他在获得丰富的物质财富的同时，拥有了更多宝贵的精神财富，享受到了真正的快乐和幸福。

苦难是人生最重要的资本，绝不要认为自己一无所有。

有一个叫黄美廉的女子，自小就患了脑性麻痹症，因肢体失去平衡感，手足会时常乱动，口里念叨着模糊不清的词语，模样十分怪异。这样的人在常人看来，已失去了语言表达能力与正常生活条件，更别谈什么前途与幸福。

但黄美廉硬是靠她顽强的意志和毅力，考上了著名的加州大学，并获得了艺术博士学位。她靠手中的画笔，还有很好的听力，抒发着自己的情感。

在一次讲演会上，一个中学生竟然这样提问：

"黄博士，你从小就长成这个样子，请问你怎么看你自己？"

在场的人都责怪这个学生不敬，但黄美廉却十分坦然地在黑板上写下了这么几行字：

"一、我好可爱;二、我的腿很长很美;三、爸爸妈妈那么爱我;四、我会画画,我会写稿;五、我有一只可爱的猫……"

最后,她以一句话作结论:

"我只看我所有的,不看我所没有的!"

我们要做的是:必须要接受和肯定自己。在这个世上,每个人都不是完美的,并非只有你是最不幸的。无须抱怨命运的不济,不要看自己没有的,要多看看自己拥有的。

其实,任何人都不可能真的一无所有,即使不拥有物质资本,也会拥有精神财富——家人对你的爱、对你的希望。事实上,你对自己的期望,你不甘于现状的决心,甚至是别人对你的打击、嘲讽、仇恨,都能成为激发你奋发向上的资本。

与其说人类的幸福来自偶尔发生的鸿运,不如说来自每天都有的小实惠。

05 适合的才是最好的

有两只老虎,一只在笼子里,一只在野地里。

在笼子里的老虎三餐无忧,在野外的老虎自由自在。两只老虎经常进行亲切的交谈。

笼子里的老虎总是羡慕外面老虎的自由,外面的老虎却羡慕笼子里的老虎安逸。一天,一只老虎对另一只老虎说:"咱们换一换吧。"另一只老虎同意了。

于是,笼子里的老虎走进了大自然,野地里的老虎走进了笼子。从笼

子里走出来的老虎高高兴兴，在旷野里拼命地奔跑；走进笼子的老虎也十分快乐，它再不用为食物而发愁。

但不久，两只老虎都死了。

一只是饥饿而死，一只是忧郁而死。从笼子中走出的老虎获得了自由，却没有同时获得捕食的本领；走进笼子的老虎获得了安逸，却没有获得在狭小空间生活的心境。

可见，适合的才是最好的。

许多时候，人们往往对自己的幸福熟视无睹，而觉得别人的幸福却很耀眼。殊不知，别人的幸福也许并不适合自己。更让人想不到的是，别人的幸福也许正是自己的坟墓。

古时有邯郸学步者，看到别人走路姿势优美，便煞费苦心，细心钻研学习。可是，学步者根本不适合，最终不仅没有学会别人的步态，还忘记了自己当初的走姿，岂不可笑可悲！

适合的才是最好的。其实，每个人都有一个最适合自己的位置，只有找准了才能实现自己的价值。只有安心享受自己的生活，享受自己的幸福，才是快乐之道。

“自知者不怨人，知名者不怨天。”这句话意在强调的是一种乐观的生活态度。一个人若能准确地找到自己的位置，能清楚地认清自己的才能，不随波逐流，不盲目攀比，未尝不是一种快乐的态度。

你不可能拥有一切,也不可能什么都适合去做,所以,不要再为自己那些不切实际、好高骛远的思想心力交瘁了,也不要再对自己的能力妄自菲薄。只有学会放弃,学会知足,才能更好地把握快乐、享受幸福。

一个能够给一个地方、一个时代的其他人带来幸福和快乐的人,是一个真正的最大幸福者,也是一个最幸福的人。

06 换个角度,变则通

在激烈竞争的今天,面对所有发生的一切事情,我们都要有足够的坚强来接受,尤其是失败的打击和考验。当你面对生活的不如意时,不要放弃,不要以为迎接自己的就是失败。要拿出自己的平常心,换个角度看问题,也许你就会发现另一片天地。

台湾著名漫画家蔡志忠说:"如果拿橘子比喻人生,一种是大而酸的,另一种就是小而甜的。一些人拿到大的会抱怨酸,拿到甜的会抱怨小;而有些人拿到小的就会庆幸它是甜的,拿到酸的就会感谢它是大的。"这段话告诉我们:不同的人对待人生有着不同的态度,一种是对生活总是抱怨与不满;一种是对生活总是庆幸与感谢。人的一生不可能总是事事如意,有时也有不幸的事,关键是看你以一种怎样的心态去面对。

有一少妇投河自尽,被正在河中划船的船夫救起。船夫问:"你年纪轻轻,为何自寻短见?"

"我结婚才两年,丈夫就抛弃了我,接着孩子又病死了。您说我活着还有什么意思?"少妇痛苦地答道。

船夫听了,想了一会儿,说:"两年前,你是怎样过日子的?"

少妇说："那时的我自由自在，没有任何烦恼……"

"那时你有丈夫和孩子吗？"

"没有。"

"那么你不过是被命运之船送回到两年前去了。现在你又自由自在，没有任何烦恼了，你还有什么想不开的？请上岸去吧……"

听了船夫的话，少妇恍如做了一个梦，感觉心中豁然开朗，便离岸走了。从此，她没有再寻短见，她从另一个角度看到了希望的曙光。

可见，换个角度去看问题，也许结果就会是另一种情形。当痛苦向你袭来，不要悲观，不要气馁，寻找痛苦的原因及战胜痛苦的方法，你就会看到事物美好的一面。

著名物理学家玻尔，在成功创建"能级"学说之后被别人问道："您创建了一个第一流的物理学派，有什么秘诀吗？"他说："因为我不怕在学生面前显露我的愚蠢。"这个回答令人吃惊，但只要细细一想，也不无道理。虽然对于众多教师来说，在课堂上显示出自己的愚蠢是很失败的表现，但是这种失败会迫使自己学习更多的知识，对知识进行更深入的研究、探索，从而使自己的水平更上一个台阶，这失败难道不是"垫脚石"吗？换一个角度对待失败，换一个角度对待那块"绊脚石"，你会发现成功的光芒正在不远处闪光。

有个年轻人为贫所困，便向一位老者请教。老者问："你为什么失意呢？"

年轻人说："我总是这样穷。""你怎么能说自己穷呢？你还这么年轻。""年轻又不能当饭吃。"年轻人说。老者一笑："那么，给你10000元，让你瘫痪在床，你干吗？""不干。""把全世界的财富都给你，但你必须现在死去，你愿意吗？""我都死了，要全世界的财富干什么？"老者说："这就对了，你现在这么年轻，生命力旺盛，就等于拥有全世界最宝贵的财富，又怎能说自己穷呢？"

年轻人一听，又找回了对生活的信心。

所以说，任何事情都不是绝对的，就看你怎么去对待它。换个角度看

问题，往往能海阔天空。

如果遇上不如意的事情，换个角度就变成了好事。同样的一件事，以前给自己带来的是烦恼、苦闷，而现在带给自己的则是积极向上的动力。

其实世间许多事就如同硬币，有正反两面。当我们抛到自己不喜欢的一面时，不妨静下心来告诉自己：再试一下，也许你就能找到自己喜欢的那一面了。如果想通过生活的考验，不妨换个角度试试。换个角度看问题，会让你多一些智气，少一些鲁莽。拥有它，会使你的生活多一些顺畅，少一些坎坷。学会它，你会受益终生。

幸福密码

人生的钟摆永远在两极中摆晃，幸福也是其中一极；要使钟摆停止在它的一极上，只能把钟摆折断。

07 学会改变，把握幸福

世界上没有一成不变的事物，整个宇宙都在时刻不停地变化着，更何况人类？其实，改变不一定是坏事，许多时候，我们都需要通过改变自己的思维来对世间万物有一个新的认识。而我们也只有适应世事的改变，才能不让幸福从我们身边溜走。

提起潘石屹和他的房地产业，大概是无人不知，无人不晓。但是，有关潘石屹创业之初的故事可能是许多人所不知道的。

1984 年，潘石屹以优异成绩从石油学院毕业后，被分派到河北廊坊石油部研究室工作。在那里，他的聪明才智博得了领导的赏识。

有一次，办公室新分配来一位女大学生，她对分配给自己的桌椅十分挑剔。当潘石屹劝她凑合着用时，对方非常认真地说："小潘，你知道吗？这套桌椅可能要陪我一辈子的。"就是这不经意的一句话深深地触动了潘石屹：难道我这一生将与这套桌椅共同度过？正在思变的时候，他遇见了远在刚刚开放的深圳创业的一位老师。他决定改变自己的命运。

1987 年，变卖了自己所有家当的潘石屹毅然辞职，揣着 80 元钱去广东打工，后来去了海南，自己做老板，开始了经商生涯。1993 年，潘石屹在北京注册了北京万通实业股份有限公司，任法定代表人兼总经理，开始了在北京房地产界的艰难创业，最终成为北京房地产业的巨擘。

可见，适时改变才有成功的可能。其实大部分的改变都会产生双赢的局面，因为改变都是需要推动力的，没有无原因的改变。

刘星是一家大公司的普通职员。她出生于北京的一个公务员家庭，是独生子女，从小就受到家人的百般宠爱。毕业后找工作也算顺利，实习之后还没毕业，就和现在工作的这家公司签了合同。

然而，走上工作岗位之后，她却发现自己在单位的位置是那么无足轻重，每次开会，她根本没有什么发言权；在日常工作中，也是经常不顺心，尽管自己上学时学的是设计专业，现在所从事的工作也是设计方面的，然而，她拿出的设计作品，却得不到上级的重视，经常被主管随手放在一边；人际关系方面也不顺心，她常常发现身边的同事们总是对她所干的活指指点点、说三道四。这些让她十分懊恼，从此对工作失去了新鲜感。没过多久，她主动提交了辞职信，开始在职场寻找新的工作。

后来，刘星在一家广告公司找到了一份美术编辑的职位，这里的人热情而又上进，刘星不仅交到了要好的朋友，在专业知识方面也得到了很大的提高。

改变其实没有我们想象中的那么困难，相信自己，只要自己能够努力，有决心，都能朝着好的方面改变。而出现在人们面前的一定是改变后的你，一个成功的你。

有时候，我们埋怨天气太恶劣，常常是因为自己抵抗力太弱；埋怨别人太狭隘，常常是因为自己不豁达；埋怨工作太难做，常常是因为自己能力不够强；埋怨收入太低，常常是因为自己期望太高。如果只会抱怨，就会痛苦无边；然而，如果学会改变，就会幸福无限。

幸福密码

幸福的时光最好不要连续拥有，否则味道会变淡，一定要保有余地让幸福更具吸引力，就好像吃糖一样，连续去吃很甜的东西 就会吃不出“甜”的味道。

07

第七章

不完美是幸福的另一种境界

完美无缺是人们向往的一种境界。但是世上几乎很少能够有人到达这一境界。其实，幸福并不都看重完美，残缺会让人得到另一种幸福。海岩说过：“幸福其实就是个人内心的一种感受，无所谓是非对错。”只要你觉得自己是幸福的，那你就是幸福的。

01 人生没有完美

人生不需要太完美，每个人都不可能没有欠缺。懂得了每个生命都有缺失的道理，你就不会再对自己苛求完美，而更能为自己所取得的成功感到满足。仔细审视一下自己，你会发现自己虽不能把一切做得完美，但你已尽力做到最好，而缺失的那一部分，你要勇敢地接受它且善待它，你的人生会快乐许多。其实，只要你把缺陷、不足这块堵在心口上的石头放下来，别过分地去关注它，它也就不会成为你的障碍。因为这些缺陷都不妨碍一个人追求快乐圆满的人生。

有一则格言是这样说的："如果折了一条腿，你就应该感谢上帝不曾折断另一条腿；如果折断了另一条腿，你就应该感谢上帝没有折断脖子；如果折断了脖子，你就没有什么可再担忧的了。"

庄子讲过一个故事：有一个叫支离疏的人，脸部隐藏在肚脐下，肩膀比头顶高，颈后的发髻朝天，五脏的血管向上，两条大腿和胸旁肋骨相并。替人家缝洗衣服，他足可生存下来；替人家簸米筛糠，他足可养十口人，政府征兵时，他摇摆游离于其间；政府征夫时，他因残疾而免劳役，政府放赈救济贫困时，他可以领到三斗米和十捆柴。在我们眼里，这个人是很惨的，可庄子却说，残缺也许是福。

有一个小姑娘，她从小耳聋口哑，每当她看到别的小姑娘欢快地跳舞的时候，她就特别悲伤，认定这是老天在责罚她，感到一辈子就这么完了。小姑娘们看见她在一旁暗自伤神也都和她一起玩，她们甚至不再唱歌跳舞，因为她唱不出歌，也听不到节奏。但是她始终闷闷不乐，因为她不愿意在别人的怜悯中过活。直到她该上学了，父母把她送到特殊学校，她开始时坚持不去，后来看到父母眼里的深深忧虑，她还是去了。在班上她是

最沉默的一个，她无法像其他孩子那样豁达，因为她梦想成为歌唱家，梦想着一切与声乐有关的世界。有一天，一位老师来到她身边，对她说：“世界上每一个人都是被上帝咬过一口的草莓，都是有缺陷的。有的人缺陷比较大，因为上帝特别喜爱他的甜美。”她很受鼓舞，从此把失聪和失语看做是上帝的特殊钟爱，开始振作起来。若干年后，有一个知名的聋哑作曲家用她特殊的音符，让人们感知到了无声的音乐事业。

金无足赤，人无完人。每个人都会有自己的劣势和缺陷，有些人面对自己的缺陷，总是想办法遮掩，害怕别人的嘲笑，这样做往往适得其反。正确的态度是：淡然面对自己的缺陷，不刻意掩饰，敢于挑战自我，用自己特有的形象装点这个丰富多彩的世界。

要坚信自己的决定，已经放弃了的，就随它去吧。

02 不要苛求完美

为人处世，需要实事求是，脚踏实地，但不必要求十全十美。追求完美固然是一种积极的人生态度,但如果过分追求完美,而又达不到完美,必然产生一定的挫折感,日子久了,就会浮躁,令自己却步沮丧。因此,不要陷入完美主义的困扰漩涡之中。

伯恩斯曾经作过研究:他向150位推销员作问卷调查,发现有40%属于要求完美的人,他们表现的工作业绩反而比别人差,得到的报酬也较少。更值得注意的是,他们常感到沮丧和焦虑。要求完美的人总是陷入数落别人或挑剔自己之中,他无法随遇而安,更难随缘结识商机。

一个艳阳高照的中午,琳达去拜访一位刚刚喜得贵子的朋友。一进门,着实热闹,众多熟悉的朋友都在,彼此寒暄了几句,问候朋友身体安康之后,环视朋友的新家,感觉主人是个讲究生活品质的人。虽不富裕,屋

子却布置得简单而富有情趣。向阳台望去,悬挂着几盆花花草草,红绿相间,疏密有致,令人赏心悦目。

“我发现一个问题,这几盆花草有真有假,你们看出来了吗?”琳达正在愣神的功夫,一位细心的女士说。

“我怎么没有看出来呢?”有人反问道。

“谁能不用手去摸,不靠近用鼻子去闻,在5米以外准确地指出真假,我就送给谁一盆郁金香。”主人有些得意地说。

听到主人的话,大家都兴致勃勃地仔细观察起来。

只见眼前的几个盆栽,都长得极为茂盛,看起来个个碧绿如玉,青翠

欲滴。花儿,也开得艳丽。猛然看去,的确难辨真假。可是用心观察,你还是能发现其中的不同。有三盆花依稀能够找到枯萎的残叶,有的叶片上还有淡淡的焦黄,显示出新陈代谢和风雨侵袭的痕迹。可是另外两盆,绿得鲜艳,红得灿烂,没有一片多余的叶子,没有一丝杂草。一切都是精心设计的结果,它们显得完美无缺。看着它们,似乎这完美的东西远不如那些夹杂着残枝败叶的新绿更令人愉悦。

其实,追求所谓的完美生活就如那些假花一样,虽然看起来精致,但总会缺乏生气,缺少生命经历过的真实。

人人都希望完美,但生活不可能完美无缺,也正因为有了残缺,我们才有梦、有希望。当我们为梦想和希望而付出自己的努力时,我们就已经拥有了一个完整的自我。

完美,总是让人们那么期待,而这个期待却是没有尽头、没有结果的,因为世界上根本就没有完美。追求完美的人,注定不堪一击,因为他们从来就没有想过完美是一个什么样的情形。

有这样一个童话:一个被劈去了一小片的圆想要找回一个完整的自己,到处寻找自己的碎片。由于它是不完整的,滚动得非常慢,从而领略

了沿途美丽的鲜花,它和虫子们聊天,充分地感受阳光的温暖。它找到许多不同的碎片,但它们都不是它原来的那一块,于是它坚持着找寻……直到有一天,它实现了自己的心愿。然而,作为一个完美无缺的圆,它滚动

得太快了，错过了花开的时节，忽略了虫子。当它意识到这一切时，它毅然舍弃了历尽千辛万苦才找到的碎片。

这个故事告诉我们：也许正是失去，才令我们完整。一个完美的人，在某种意义上说，是一个可怜的人，他永远无法体会有所追求、有所希冀的感觉，他永远无法体会爱他的人带给他某些他一直追求而得不到的东西的喜悦。

追求完美的人普遍有个坏习惯，他们老看自己的缺点，对缺点很不放心，甚至忍受不了缺点。这是造成焦虑紧张的主要原因。当一个人留意的都是自己的缺点时，优点和价值就会从他的意识中隐而不现：潜能开始受到压抑，消极思想弥漫在生活之中。

另外，追求完美的人很在意别人的评价，对于别人的负面评价尤其敏感，甚至有过度反应的现象。他们只要受到别人批评，就会显得极度不安，甚至难过得无法入睡。

世界上没有完美的事物，更没有完美的人。看看周围的人们，天天都在为了追求完美而不断努力，可是却没有一个真正完美的人。其实，在这个世界上，能够拥有现在的一切，已经是一个完美的人了。每个人在生活中都有自己的位置，都有自己应该扮演的角色。我们应该活出真正的自我，坦然面对生活给予的一切，不要让苛求完美的心使生活失去原本的真实。

世界上其实是没有完美的，放弃不切实际的梦想，接受缺憾，甚至主动留点儿缺憾，你会发现幸福正在向你走来。

03 不如别人又如何

一个人要保持谦虚的姿态，善于向他人学习，以积累更多的经验，进而发展自己的才能，拥有更高的权威。反之，如果一个人自以为是、骄傲自大、目空一切，只会阻碍自己的发展，最终一事无成。

老子说过："上善若水。"意思是说，最好的善，就像水一样。水可以根据容器的形状，而呈现出相应的形状。水往低处流，地势越低，水就汇聚得越多。水虽然柔弱，但水滴石穿，再坚硬的物体，也会被水滴穿。我们常说谦虚是一种美德，其实，谦虚与老子说的"善"一样，也像水一样，虽然柔弱，却能滴穿最坚硬的石头。谦虚之所以具有如此强大的力量，是因为谦虚的人，把自己的心态放得很低，别人只要有一点长处，他马上就可以看到并学到，渐渐地，他的能力、智慧、人生的境界就在不知不觉中突飞猛进了。

孔圣人说："三人行，必有我师焉。择其善者而从之，其不善者而改之。"意思是说，在众人之中一定有值得我学习的东西，因而要虚心学习别人的长处，把别人的缺点当镜子，对照自己，有则改之，无则加勉。所以，敏而好学，不耻下问，虚怀若谷，应该成为每一位居于人生巅峰的企业家们的重要修养。

调子放得最低最低，心态修炼得最静最静，经历了几番风雨几轮挫折，渐渐地，就会明白，一个人不可能处处胜于人。有得必有失，样样齐全了，你也许会遭到更大的、更意料不到的天灾人祸。就像小病小灾缠绵一生的人，往往安享天年，而无病无痛、大红大紫的人常常遽祸忽至，防不胜防。命运往往是无常的，做什么都要留有余地。

从另一种角度来说，敢于不如人，实际是某种程度上的自信。只有敢于不如人，才能胜于人。天外有天，楼外有楼，一个人怎能时时处处胜过别人呢？每个人都有自己的优点与优势，也都有自己的缺点与短处，扬长避短才是最聪明之举，拿自己最不擅长的柔弱之处去硬碰别人修炼得最拿手的看家本领，其结果可想而知。

每个人都具有别人所没有的潜能，但这些潜能是有局限性的，它只存在于某些方面，因此不可能在所有地方都发挥出来。所以，我们在某些方面不如别人很正常。你不是大力士，不可能搬动所有石头；即使你是大力士，你的力气总会耗尽，到那时还得让别人来搬石头。你不如利用好你的力气，就搬那几块你想要的石头。有时，多几块石头不是因为需要，而是为了炫耀，那么，何苦这样呢？这样比下去，你只会疲惫不堪。

真正的高手都是不显山露水的，他们对待这个喧哗的世界泰然处之，对待那些自命不凡的人淡然笑之。就像《天龙八部》里的扫地僧，谁能料到有如此高手藏于少林寺内，却几十年如一日的“不如人”，一直低调下去，又有谁能如此？

放下身段，绝不会使高贵者变得卑微；相反，倒更能增强人们的崇敬之情。这样的人把自己的生命之根深深扎在大众这块沃土之中，哪能不根深叶茂，令人敬重？

你要怎样过你的人生，是可以由自己决定的。你有三种方式可以选择：无视自己精神的压力，或只是面对压力而叹息，或面对压力而想出解决的办法。

04 懂得放弃，不追求完美

每个人在他的一生当中，都会面对许许多多的取与舍，通常情况下我们总是渴望着获取，渴望着占有，以为拥有的东西越多，自己就越富有、越快乐。在这种思想的驱使下，我们整天忙碌，试图把自己想要的都争取得到。可是，当日子一天天过去，我们却往往不能如愿，反而被压力压得喘不过气来，失望、忧郁、困惑和不快乐都随之而来，时间久了，就严重影响了我们的身心健康。

有这样一个故事：

一头毛驴幸运地得到了两堆草料，然而犹豫却毁了这个可怜的家伙。它站在两堆草料中间，一会儿看看左边的草料，一会儿看看右边的草料，

犹豫着不知先吃哪一堆才好，就这样，守着近在嘴边的食物，这头毛驴却活活饿死了。多么可悲的下场！

威廉·惠德说："如果一个人面对着两件事犹豫不决，不知该先去做哪一件事情好，那么他最终将一事无成。他非但不会有什么进步，反而会后退。唯有那些具有如恺撒一般的特性——先聪明地斟酌，再果断地决定，然后坚定不移地去行动的人，才能在任何事业上，都做出卓越的成绩来。"

可见，在现代职场上，学会选择放弃对一个人的成功是多么重要。如果你现在已经在职场中打拼，却还不知道怎样选择放弃，那就一定要下决心学习，因为这有时比发现并追求一个机会更为重要，而只有成功的选择，才会有成功的人生。

1. 选择放弃是为了更好地得到。

有位哲人说过:在你得到什么的同时,你其实也在失去。

同样,你在选择什么的同时,其实也在放弃。选择前,我们面对无穷多的可能,但当你选择时,你就必须放弃。放弃是必要的,是为了更好地得到,人通过选择、也通过放弃而成长,尤其是当你想通过一生的拼搏,去获得巨大的成功时,更要敢于放弃,不要被取得的一点小的成功所迷惑。当然放弃不是随意的,更不是三心二意的。比如说,你一会儿看当影视演员容易出名,就去学表演;一会儿看自己办公司可能会发财,就去办公司;一会儿看从政升官快,又热衷于参加政治活动……你应该充分估价自己的才能,认清自己最适合干什么,然后再做出正确的选择,只有这样,再加上你的不断努力,才能最终取得成功。

杨露就是一个善于放弃的成功女性,她20岁时放弃芭蕾舞进入深圳的IT业,22岁到北京一家玩具厂做业务员,23岁进入中国惠普公司,30岁突然辞职,放弃百万年薪和熟悉的IT业,做起了自己的形象设计公司。

已经做到中国惠普大客户部销售经理的杨露,考虑了整整3个月的时间,终于向惠普公司递交了辞呈。辞职后,杨露的电话成了咨询热线,亲朋好友及同事纷纷打电话,问她哪来的勇气?有人羡慕,说她敢于放弃;有人惋惜,说她再等等可以升职到三级老板,怎么能放弃?杨露只说了一句话:“我相信只有做我真正喜欢的事情才能做得长久,做得最好。请你们支持我!”

杨露辞职并不是一时冲动。尽管在惠普公司她已经是高级主管,但这终究是给人家打工,她想创办自己的公司。有一天,她突然发现,在中国虽然已经有了一些形象设计公司,但是都很不规范,多是个体运作,尽管专业技术很好,但大都凭着热情和感受在做事,既不够理性,也缺乏市场运作经验。她觉得凭自己这么多年来在商场打拼的经验,再加上自己对美的感悟,相信自己完全能够在这一行里大有作为。于是,她毅然决定开一家正规的形象设计公司。创办公司是需要挤大量时间的,这对于已经是惠普公司销售部经理的杨露来说,真是一件很困难的事,她只得把思考、设计工作安排在每次出差乘飞机的那几个小时内,难怪她后来常常戏言:自己的公司是在飞机上创办起来的,在她的公司正式注册后,她就递交了辞呈。

形象设计公司开张后,杨露便全身心地扑在了公司的运作上,很快就赢得了大量的客户。正在公司飞速发展的时候,一个偶然的机会带给杨露瞬间的灵感。2002 年底,她去美国参加一个朋友的婚礼,席间认识了一个 IT 公司的老总,他随手拿出了公司的员工合影。杨露忽然觉得那是一种整体的美,员工们那么的自信和灿烂,这是中国企业所不曾拥有的。她好奇地马上把这一疑问说了出来,然后她听到了一个全新的概念:员工形象整合。原来世界 500 强公司里几乎都放置着一个新的高层职位首席设计官,主管企业的整体形象设计,而一些尚未设此职位的公司也会把这项业务交给专业的员工形象整合公司来做——在国外公司员工形象包装是企业文化不可缺少的一部分。杨露的眼睛一亮,立即看到了公司发展的方向:公司可以在原有的个人整体形象设计的基础上,大力强化企业员工整体形象设计,这可是一个潜在的大市场啊!

想到就做!杨露聘请了国内外很多实力雄厚、经验丰富、具有形象整合能力的设计师和咨询专家,大力拓展新的业务。现在,很多企业的老板都希望杨露为其下属酒店做员工形象整合,MBA 管理培训公司希望杨露为其学员上课,说是要"为新时代的老板洗脑"。杨露已经叩开了成功的大门,熟识的人都相信她的事业会越来越好,最终取得成功。

2. 不要追求完美。

身处职场中的你,是否有过这样的想法:干工作一定要做到完美无缺。这种想法的出发点是好的,但这样做的结果,却可能导致你永远无法做完一件事,因为完美是相对的,任何绝对的完美都是不可企及的。

努力做到最好和过于追求完美,两者之间有很大的差异。前者通常是一种可以达到的、令人满足和健康的工作习惯,后者则是无法达到的、令人沮丧和神经质的、而且极度浪费时间的一种工作习惯。

英国著名的马科斯—史宾塞公司董事长西门·马科斯爵士认为,那些热衷于完美的人，他们浪费的时间和金钱其实可以得到更好地运用。因此，他主张采用“合理的近似值”制度，他的座右铭是：“不要为追求完美付出代价。”

一位文秘如果因为用墨水改正的一点小错而重打一封长信，或者是上司要求她这么去做，那他们就该看看美国国家档案中心的美国独立宣言原稿。写这份稿子的人在完稿时，漏了两个字母，他没有重新再抄，只是在行间把两个字母加了进去，再加上连接符号，如果在这么重要的文件上能这么做，那么在一封只给人看一眼就被送进档案室或废纸篓的信，当然没有问题。

既然这样，那我们为什么还不放弃虚幻的“完美主义”，而选择看得见的“努力做好”呢？用节约下来的时间和精力去做好更多的工作，你的业绩必将集腋成裘、聚沙成塔，终有一天会得到上司的赏识，那晋升和加薪也就离你不远了，何乐而不为呢？

3. 当断则断，切忌犹豫不决。

阿内夫人是一位品质高尚、令人尊敬的女士。然而，凡是认识她、了解她的人，都知道她有个致命的弱点——犹豫不决。

阿内夫人如果要买一件东西，一定要事先把全城出售那件东西的店铺跑遍。她走进一个商店，便从这个柜台跑到那个柜台，从柜台上拿起要买的货物，更要仔仔细细地打量，看到这个颜色有些不同，那个式样有些差异，也不知道究竟买哪一种好，结果，常常一样也不买，空手而归。

有时，即使阿内夫人买下某样东西，她心中也总是嘀咕，所买的东西是否真的不错？是否要带回去问一问他人的意见，不合适再到店中调换？结果，她买什么东西，往往总要调换二三次，而内心还是感到不满意。

在现代职场上，有很多像阿内夫人那样的人。他们做事情总是瞻前顾后，犹豫不决，除了上司交代的工作外，几乎从没主动做出过什么业绩，显得平凡、渺小，像大海中的一滴水，从来也不会引起上司的注意，结果只能是与晋升和加薪失之交臂。即使有些人想主动做些工作，结果一会儿想做这件，还没开始又想做那件，到头来什么事情也没有做，眼睁睁看着美好的时光从身边溜走，甚至搞得心情郁闷，消极失望，对前途丧失信心。

归根结底，造成这种现状的原因还是不懂得选择放弃。

无论你是领导还是普通员工，在平时的工作中都不应该苛求过分，要掌握好分寸。分寸掌握好了，别人才会认为你做事严肃认真，值得赞扬和学习；分寸掌握不好，就会导致他人的反感，使得你被周围的同事孤立。

须知，世间的事物只有更好，没有最好。不完美，有缺陷，才是事物的本质。一味地追求完美，有时候反而会徒劳无功，徒劳无益。

要相信在这个世界上你是独一无二的，不必和别人比，你有你的优点，有你的活法，只要自己尽力了，你的人生就是丰富多彩的。

05 没有最好，只有更好

曾经在电视上出现过这样一句广告用语："没有最好，只有更好。"这句话是在告诉我们：永远不对自己的现状满意，永远向着更高的目标前进，你永远可以做得更好。

一个人一旦满足于自己目前获得的成就，便失去了继续前进的动力，不再追求更高的目标。而在当今社会，竞争日益激烈，不前进便意味着后退，就可能被无情地淘汰。一旦你停止前进，便会被别人所赶超。

只有更好，也就是说在相对中一个比一个好。"只有更好"是一种执著的追求，是一种向上的信念，如果一个人想着更好，这就意味着他还不满足眼前，会想着向更好的一级前进和攀登。

24岁的海军军官卡特应召去见海曼·李科弗将军。在谈话前，海曼将军让卡特挑选任何他愿意谈论的话题，然后再问卡特一些问题。结果，

卡特被问得直冒冷汗。

卡特终于明白：自己自认为懂得了很多东西，其实还远远不够。结束谈话时，海曼将军问他在海军学校的学习成绩怎样，卡特立即自豪地说："将军，在820人的一个班中，我名列59名。"

将军皱了皱眉头，问："为什么你不是第一名呢，你竭尽全力了吗？"

此话如当头棒喝，影响了卡特的一生。此后，他事事竭尽全力，最终成为美国总统。

"你为什么不是第一？"这句话惊醒了满足于自己成绩的骄傲的卡特，让他意识到了自己的不足，从此任何事都努力争取做得最好。

不是第一就要努力成为第一，而即使你是第一，也可以做得更好。世界上没有常胜将军，哪怕你是第一，你也会同样面临许多的挑战。这样的挑战来自于他人，同样也来自于自己。

"没有最好，只有更好"如同成功道路上的一盏明灯，让在这条路上前进的人们永远向着前方的光明行进，他们对自己的事业、学习、学术始终感到不满足，向着"只有更好"的方向去努力和进军。当然，他们也会得到更好的收获，取得更好的成绩，拥有更好的辉煌。

任何人做任何事都希望能做到极致，做到尽善尽美，但是实际上，这种情况很难做到。只有不断地挑战自己，不断地取得更大的进步，才有可能够登上希望的高点，享受成功的喜悦。

曾有这样一个报道：有一位登山运动员，在一次攀登珠穆朗玛峰的活动中，在到达 6400 米的高度时，他觉得体力不支，就停下来，与队友打了一个招呼就下山了。事后有人为他惋惜：再坚持一下啊，再攀高一

点啊，过了 6500 米的死亡线，就是自己的一个突破呀。他却很干脆地说："不，我很清楚，能爬到 6400 米，是我登山生涯的最高点，我一点遗憾都没有。"

海尔刚在美国建立公司时，美国人谁都不看好这家公司，因为它们没有先进的设备，没有优良的管理，更没有有经济头脑的领导人。但海尔集团的员工却不这样认为：没有先进的设备，可以慢慢发展；没有优良的管理，可以向懂得这方面的人才请教，对于那些有抱负的人来说，缺少的只是机会，施展个人才能的机会。现在的海尔已经成为了家喻户晓的品牌，也用实际行动向世界展示了"没有最好，只有更好"。

没有最好，只有更好。无论对企业还是个人来说，"只有更好"的精神都显得十分重要。对于企业来说，"只有更好"标志着持续地发展；对个人来说，"只有更好"意味着不断超越自我，意味着获得成功，意味着再创辉煌的可能性。更美的风景就在前面一步，就在未来，就在明天。

幸福密码

只要你迈步，路就会在脚下延伸；只要你上路，就会发现诱人的风景；只要你启程，就能体会到跋涉的幸福。

08

第八章

要让幸福不断地延伸下去

好的习惯一旦养成，就需要我们长久地坚持下去，到达日臻完善自我的目的；好的心情形成以后，也需要我们保持下去，以便积极、乐观、豁达地处事，占据人生的先机；同样，当你心生幸福感后，也要时时记起，让这种感觉时刻充满我们的内心，从而扫掉心灵的阴霾，实现并肯定自身的价值。

01 健康是幸福的本钱

爱默生曾说过:“健康是人生第一财富。”拥有了健康就拥有了一切,而失去了健康就等于失去了一切,所谓的金钱、名利等都会成为空白。俗话说,身体是革命的本钱,健康是你幸福生活的基石。健康不是别人的施舍,健康是对生命的执著追求。

世上的每个人都渴望获得幸福,可是人们在追求自己理解的幸福的过程中,常常为了收获幸福,而“失去幸福”。这里的失去主要就包括健康。从这个意义上说,身心健康是幸福最大的本钱。

现在的社会,人人都想享受生活,享受生命,为了提高生活质量,拼命去工作、赚钱。殊不知,你在努力工作的时候,忽视了身体保健。结果,纵然你有许多财富,也买不回来健康。

我们经常在媒体上看到英年早逝的例子。2005 年 4 月 8 日,54 岁的爱立信(中国)有限公司总裁杨迈由于心脏骤停而突然辞世;2005 年 4 月 19 日,60 岁的麦当劳公司首席执行官吉姆·坎塔卢波因病猝死。两个商业巨子如流星一样灿烂却短暂的人生,给世人增添了无数的遗憾。当然,他们的倒下也给世人一种残酷的警醒。为了幸福的生活,我们应该重视健康,把健康也变成我们生活中的主要内容。

失去了健康,生命会变得黑暗和悲惨,会使你对一切都失去兴趣与热忱。能够有一个健康的身体,一种健全的精神,并且能在两者之间保持美满的平衡,这才是人生最大的幸福。

叔本华曾说:“在一切幸福之中,人的健康实胜过任何其他幸福。我们可以说一个身体健康的乞丐要比疾病缠身的国王幸福得多。”无论是为一日三餐奔波的平民百姓,还是星光耀眼的成功人士,健康都是其幸福生活的基本保证。但是,很多时候我们漠视自己的健康,直至失去健康之后,才亡羊补牢,悔之晚矣!

在人生的战斗中,能否取得胜利,就在于你能否保重身体,能否使你的身体一直处于"良好"的状态。一匹有"千里之能"的骏马,假如食不饱、力不足,在竞赛时,恐怕也不会取胜。一个具有一分本领的体力旺盛的人,可以胜过一个因生活不知谨慎而致体力衰弱的具有十分本领的人。拥有健康,一切才皆有可能。

身体好比一座花园,只有细心照料才能让它生机盎然。曾有人对"什么是幸福"这一问题作出这样的回答:"幸福有三条,健康的体魄,美满的家庭,平和的心态。"之所以把健康放在第一位,是因为有了强健的身体做后盾,工作起来才能精神抖擞、意气风发,生活起来才能活力无限、快乐无比。

有这样一位大公司经理:他每天在办公室中最多只逗留两三个小时,他经常出外旅行、休息,以更新他的身心。他充分意识到,只有经常保持身心的清新、精壮,才能在事业上达到最高的效率。他不愿像许多人一样,在过度的工作中摧残自己的身心,拖垮自己的力量。

因为这样,他在事业上取得了成功。他不在办公室则已,只要一进办公室,就立刻能生龙活虎般地处理事务。由于他身心健康,所以办事十分敏捷而有力。他的工作进行得如同数学一般精确,他在三小时内工作的成绩,要超过别人八九小时、甚至夜以继日工作的结果。

一个生活谨慎的人,有充沛的生命力抵抗各种疾病,渡过各种难关,应付各种打击;相反,一个在平日把气力耗尽、活力用竭的人,却经不起一点儿的打击。

拥有健康并不能拥有一切,但失去健康却会失去一切。健康不是别人的施舍,而是对生命的执著。

要想在你的一生中取得成功,收获幸福,最重要的一点就是必须摒除一切足以摧残你的活力、阻碍你的前程、浪费你的精力、折损你生命资本的东西。因为体力与事业的关系非常紧密,人的每一种能力、每一种精神机能的充分发挥，与人的整个生命效率的增加，都有赖于充沛的体力。

一个胸怀大志和自信的人，同时也是一个具有足以应付任何境遇、抵挡任何事变的人。强健的体魄，可以使人们在事业上处处得到帮助。旺盛的体力可以增强人们各部分机能的力量，而使其效率、成就较之体力衰弱的时候大大增加。

可见，人没有了健康，也就没有了身体与精神，其他的一切对我们也就没有任何意义可言。正所谓："皮之不存，毛将焉附。"世界上没有任何东西、任何财富、任何名誉、任何权力、任何地位能够代替健康给你带来如此持久的幸福与充实。要使自己顺利走向生命的灿烂、成功，有如雄鹰搏击长空，展现矫健身姿，奔向青云，关键是锤炼健康的身心。健康方式看待人生，就能享受人生的美好。

有这样一个富翁，他完全靠自己的奋斗从一无所有成为一家企业集团的董事长，可他已躺在病床上两年了，多年的拼搏已使他积劳成疾。当有年轻的崇拜者来访时，他却说："我宁愿现在是个穷光蛋也不愿躺在病床上，如能交换，我愿用我的百万家产换取健康的身体……"在我们的生活中，健康的人很少知道珍惜健康，只有失去健康的人才真正懂得健康的宝贵。健康的人应该从病人那里得到启示——不能为了追求金钱、追求自己片面理解的幸福而放弃自己的健康，因为，人生最美的是健康，健康比任何东西都重要。

健康的身体需要健康的思想、健康的态度来支撑，只有一个人的思想变得年轻、上进、充满活力，对待生活的态度更加积极，他的身体才能保持健康。健康的思想就像闪电一样，能迅速地将信息传递到身体的每一个细胞，使每一个细胞都更加活跃、积极，由此创造出生命的奇迹。

世界卫生组织研究表明：人体的健康有60%取决于人们的日常生活方式。选择怎样的生活方式，不仅仅是工作能力和生活品质的体现，更是决定你身心健康的关键所在。

其实，也有很多人都知道健康的重要性，却不了解一些健康之道。要维护自己的健康，提高自己的健康素质，可以从以下几点做起：

第一，要把维护身体健康作为人生的重要目标。

因为这是实现幸福、成功等所有美好目标的基础，是人生的首要任务。

第二，良好的生活习惯。

早睡早起，定时锻炼，精力充沛，成功不远；节制饮食，营养搭配，好吃会吃，受益无穷。

第三，要经常锻炼。

生命在于运动，这是一句人人皆知的至理名言。只有经常坚持锻炼，才能舒通身体的筋络，促进血液循环，增强各器官机能，使生命之树常青。所以，正确估量自己的身体状况和承受能力，寻找一种最适合自己身体的锻炼方法。

第四，要有良好的精神状态，必须有一个健康的心理。

健康的心理应该是不争、不强、不急、不躁，是心如止水，是心如明镜，平静而透彻。健康的心理还应该是给予、付出、感激、回报，是雪中送炭，是锦上添花，热情而美丽。

生命是宝贵的，健康是每个生命的本钱。一切美好的憧憬、幻想，中途的努力、拼搏以及成功后的享受，都需要一个健康的身体承载着。所以，我们要想幸福，就首先应该有一个好身体。只有健健康康地活着，我们才能幸福。只要健健康康地活着，我们就是幸福的。

良好的健康状况和由之而来的愉快的情绪，是幸福的最好资本。

02 每一天都做最好的自己

一天清晨，国王独自一人在动物园中散步，他突然发现所有的动物都奄奄一息。

国王诧异地问一头大象："你们究竟遇到了什么麻烦？"

原来，大象认为自己生来就是一副笨拙老实相，不能像狮子一样威风凛凛，所以消极厌世，觉得活着没什么滋味；狮子则憎恶自己不能像孔雀那般美丽迷人，人见人爱；而孔雀也想离开人间，因为它想和老鹰一样翱翔蓝天，去追求梦境般的生活；长颈鹿也"病"倒了，因为它嫌自己的脖子实在太长了，跑起路来根本赶不上袋鼠的速度……

国王正惊叹之时恰好看到一只蚂蚁在乐此不疲地寻觅着食物，便高兴地对它说："当别的动物都已对自己气馁时，只有你还这样勇敢积极地活着，你为什么能够这样安心呢？"

"是啊，我的确很快乐，虽然我身上没有什么值得骄傲的地方，但我却从未沮丧过。因为我知道，如果你需要一头大象，一只雄狮，或是一只孔雀、一只老鹰、一头长颈鹿的话，你就一定会千方百计地寻找到它们并驯养它们。而且我还知道，你只希望我做一只小小的蚂蚁，所以我下定决心要做这个园中最棒的蚂蚁。”

世界上没有完全相同的两片叶子。每一个人在这个世界上都是独一无二的，你在各方面不可能都是最好的，但你可以充分利用生活赋予你的那些优势，创造出你认为的最优美的生活篇章，做你自己，做最好的自己。

从古至今，在事业上有所成就的人无不是从挑战自己，创造自己开始的。人世间有多少人，胸无半点志向，只是浑浑噩噩地活了很多年。而使他们一蹶不振、沉沦丧志的原因，归根结底，是没有好好把握自身存在的价值。

雷石东是哈佛学子的榜样，这位哈佛学子同样入围了 2008 年美国知名财经杂志《福布斯》评选的哈佛大学毕业的亿万富翁之列。

雷石东小的时候在拼写方面表现出过人的天赋——别人随口说出一个单词，他都可以拼写出来，母亲为此很欣喜，并安排他参加全国拼词大赛。雷石东没有辜负母亲的一番苦心，一路拼写着那些复杂而生僻的单词过关斩将杀至决赛。在决赛前夕，对胜利的过度渴望让他沉入到一种不切实际的狂热中：他常常想象自己站在考官和一大群欢呼的观众面前，接受美国最优秀的单词拼写者的头衔。然而，真正考试那天，考官让他拼写 Tuberculosis（肺结核）这个词，他头脑一热，脱口而出“t—u—b—e—r—c—u—o—s—i—s”。他漏掉了一个音节。正是这一个小小的失误，使他最终被淘汰出局。

母亲伤心欲绝，她没有办法接受儿子失败的现实，梦想破灭的绝望深深地刻在她的脸上，泪水夺眶而出。这幕情景也深深烙在雷石东的脑海里，从这时开始，懵懂的他第一次主动立志：无论做什么，必须成为第一。

从此，每天早上，自打从床上爬起来的那一刻开始，他就像进入了激烈的战场，除了学习，他再也没有其他的活动，成为第一的欲望占据了他的所有心思和意念。

正所谓“天道酬勤”，在毕业典礼上，雷石东以该校 300 年来最高的平

均分从波士顿拉丁学校毕业,被授予现代拉丁文奖、古典拉丁文奖和本杰明·富兰克林奖,并且获得了前往哈佛大学深造的奖学金。从哈佛毕业后,雷石东的激情与永争第一的精神,让他时刻不忘奋发进取。50 年间,雷石东终于抓住机遇,大胆扩张,使自己从一个机车影院的老板,成为一个年收入达 246 亿美元的传媒帝国的领袖。

雷石东从一次失败的教训中,懂得了无论做什么,必须成为第一的道理。至此,永远争第一的想法深深地植根于他的脑子里,在此后的求学哈佛和经商拼搏的道路上,他始终抱着这个信念,处处要求自己做到最好。

在许多竞争的领域,一场比赛的冠军和亚军从最后的结果上看虽然只有一步之遥,但他们在享有的名誉和利益方面却相差甚远。一个是经过努力获得回报的成功者,一个是同样付出却功亏一篑的失败者。

因此,只有那些力求做最好的自己的人,才有更多的机会成为最后的胜利者。

要知道,世界上最可怕的不是敌人,而是自己,你脆弱的心灵就是你最大的敌人。其实,每个人身上都存在着巨大的潜力,每个人都有自己独特的个性和长处,每个人都有自己的目标,应该通过自己的不懈努力去争取成功。

美国参议员艾摩·汤姆斯16岁时,长得很高,却很瘦弱,其他小男孩都喊他"瘦竹竿",他每一天、每一小时都在为自己那高瘦虚弱的身材发愁。后来在一次演讲比赛中,他发生了很大的转机。他在母亲的鼓励下,花了许多功夫进行演讲准备,他把讲稿全部背出来,然后对着牛羊和树木练了不下100遍,终于取得了第一名。听众向他欢呼,讥笑他的那些男孩羡慕不已。从此以后,艾摩·汤姆斯信心倍增,逐步走向成功的大门。他在回忆往事时说:"想当初,当我穿着父亲的旧衣服,以及那双几乎要脱落的大鞋子时,那种烦恼、羞怯、自卑几乎毁了我。"

在学习和工作的每时每刻,也许你不能立即成为最好的,但你可以以这种信念来督促自己,以实现第一的标准来要求自己。心理学家曾经说过:"你一定比你想象的还要好。"只要你相信自己可以做到第一,勇敢地做最好的自己,你的人生境界就会获得一个质的提升。

幸福密码

因为有黑暗,所以有光明。而且,从黑暗里走出来的人,真正懂得光明的可贵。社会上不只充满了幸福,因为有不幸,所以才会有幸福。

03 幸福是尽孝于父母膝前

尊重长者，孝敬父母，是中华民族的传统美德，是做人的基本道德规范。孝，作为民族文化遗产之一，是没有文字之分，没有民族之别，没有信仰之异，没有没有时空之限的，它是灵魂的核心，是做人的根本，是人类生命共同的大道，永远不会过时。不管时代怎样变迁，孝敬父母、尊老敬老的传统美德永不改变。

“孝”是家庭最重要的伦理道德。虽然，在封建社会被统治阶级所利用，但不可否认，在没有任何社会保障的社会里，“孝”在保障老年人的生存病养方面，在维护家庭的自然衔接与衍进方面，在稳定家庭、稳定社会方面是有其积极进步的意义的。

新中国成立以后，进一步继承发扬了“孝敬父母”的传统美德，共和国的宪法中不仅将赡养父母列为儿女的义务，而且将建立、发展、壮大社会主义的敬老事业纳入公共福利事业的建设中，形成了良好的健康的社会道德环境。

我国古代很重视“孝道”，认为“忠臣必出孝悌之家”。汉文帝刘恒身体力行，其母薄太后常病，“帝目不交睫，衣不解带，三年，奉养无怠。汤药，非口亲尝拂进，仁孝闻天下”，并且颁布“孝廉法”，作为选拔官吏的主要途径之一。历史上的“二十四孝”典故至今读来还能感人肺腑，震撼人们的心灵。

然而，在现实生活中，有些子女“孝”的观念淡薄了，刮老、啃老、虐待老人的现象屡见不鲜。有些子女在父母生病无法照顾自己时，竟抛弃父母而不顾；父母去世后，兄弟姐妹为办后事互相推诿者亦有之。甚至还有这样的不孝子女，打骂和虐待父母，使风烛残年的老人流落街头，无家可归。这样的事，让人看过后感觉到气愤、心寒。孔子曰：“百善孝为先。”

几千年来，在我们中华民族的历史上，凡是孝敬父母的，都会受到社会的赞扬；凡是不孝敬甚至虐待父母的，都为世人所不齿。

一个70多岁的老读者，背驼得很厉害，但他风雨无阻，几乎天天泡在图书馆的报刊阅览室里。不仅如此，在所有读者中，他总是第一个进去，最后一个走。有时读者都走尽了，他也不走，天天如此，阅览室管理员对这个读者烦透了，打心眼里烦。

那个老读者每次来到阅览室，翻翻这看看那，看上去毫无目的，纯粹是来消磨时光的。管理员越来越看不惯这个驼背的老头，他一来她就烦，别的管理员也如此，对他一点好感也没有。有一天偶然发生的一件事，让管理员改变了对老头的看法。

那天在下班的路上，同事突然问她："你母亲是不是被聘为我老婆的那个商场的监督员了？"

管理员愕然："没听母亲说过呀。"

同事说："我老婆在某商场当营业员，她们商场每天开门，迎来的第一个顾客常常是你母亲。而且老人什么也不买，却挨个看柜台，还要问这问那。时间一长，营业员们就以为老人是商场的领导雇的监督员，是来监督他们工作的——因为商场领导有话在先。营业员们就对老人很戒备，同样也很反感。"

管理员径直回到母亲家，她父亲两年前病故，母亲一个人生活。管理员把同事所说的事情说了一遍，问母亲是否真的在给人家做监督员。母亲矢口否认："没有这回事呀。他们大概是误会了，我就是闲逛而已。"

管理员开始数落着母亲。

管理员的母亲长叹了一声，伤感地说："我们这些老人一天到晚太寂寞了，逛逛商店，消磨一下时间，可时间一长就养成习惯了，一天不去就觉

得不得劲儿。要不，你要我干什么呢……"母亲说到这里，垂下花白的头，悄悄地流下了眼泪。

就在一刹那间，管理员突然感到心里酸酸的。母亲有一儿两女，可由于很多方面的原因，他们很少来看母亲，很少陪在老人身边，陪她聊聊天，而母亲需要的是排解寂寞和孤独呀！那天管理员没有回家住，而是陪母亲住了一晚，聊了一晚上的天。

第二天早上，管理员上班很早，但驼背老人仍然等候在阅览室门前，也不知怎么她心中突然涌起一股柔情，她第一次没有用以前的那种眼光来看这个老人。

管理员面带微笑，对他说："早啊大爷，这么早就来了，来了就进来吧。"

亲情是一个人善心、爱心和良心的综合表现；孝敬父母，尊敬长辈，是

做人的本分，是天经地义的美德，也是各种品德形成的前提，因而历来受到人们的称赞。试想，一个人如果连孝敬父母，报答养育之恩都做不到，那和他处事的人完全有理由确定这个人不可信任，不可深度来往，原因很简单：父母是最亲最近的人，对父母都不好，怎么可能对别人好！那么估计就没有谁愿意和他打交道了，结果只能是形单影只，孤苦伶仃了。

在人的一生中，父母的关心和爱护是最真挚最无私的，父母的养育之恩是永远也诉说不完的：经受生死考验的十月怀胎；一朝分娩，痛苦的脸上却洋溢着幸福的微笑；吮着母亲的乳汁离开襁褓，揪着父母的心迈开人生的第一步；在甜甜的儿歌声中入睡，在无微不至的关怀中成长；哭哭闹闹使父母熬过多少个不眠之夜；读书升学费去父母多少心血；立业成家包含着父母多少艰辛。可以说，父母为养育自己的儿女付出了毕生的心血。这种恩情比天高，比地厚，是人世间最伟大的爱。

羊羔跪乳，乌鸦反哺，动物尚且如此，人何以堪？如果人类应该有爱，那么首先应该爱自己的父母，其次才能谈到爱他人，爱集体，爱社会，爱祖国……

孝敬父母，不但要很好地承担对父母应尽的赡养义务，而且要尽心尽力满足父母在精神生活、情感方面的需求。有首歌中唱到“常回家看看，回家看看，哪怕帮妈妈捶捶后背，揉揉肩，老人不求儿女为家做多大贡献，一辈子不容易只图个平平安安，团团圆圆！”身边的小事就能给老人以莫大的宽慰，而老人要求子女的也无非就是这些！

人生苦短，亲情最长。利用眼前的时光到父母身边尽孝吧，不要留下“树欲静而风不止，子欲养而亲不待”的遗憾。

能使你所爱的人快乐，是世界上最大的幸福。

04 爱是幸福之源

爱是人类永恒的主题,爱对每个人都具有不可替代的作用。它可以促进我们成长,维护我们的健康。可以说,这个世界如果没有爱,我们的心灵就会干涸、思想就会偏离正确的轨道。

爱是人世间最美丽的情感,爱与被爱同样是一种幸福、一种快乐。爱更是高尚的、纯洁的、无私的,是家庭生活中不可缺少的。爱是人类最美丽的语言,爱是力量的源泉,爱是沟通的桥梁。托尔斯泰曾说:“爱和被爱本是世界上最美好、最幸福的感觉。”

一天,一个男孩对一个女孩说:“如果我只有一碗粥,我会把一半给我的母亲,另一半给你。”小女孩喜欢上了小男孩。那一年他 12 岁,她 10 岁。

过了 10 年,他们村子被洪水淹没了,他不停地救人,有老人,有孩子,有认识的,有不认识的,唯独没有亲自去救她。当她被别人救出后,有人问他:“你既然喜欢她,为什么不救她?”他轻轻地说:“正是因为我爱她,我才先去救别人。她死了,我也不会独活。”于是,他们在那一年结了婚。那一年他 22 岁,她 20 岁。

后来,全国闹饥荒,他们同样穷得揭不开锅,最后只剩下一点点面了,做了一碗汤面。他舍不得吃,让她吃;她舍不得吃,让他吃！3 天后,那碗汤面发霉了。那一年,他 42 岁,她 40 岁。

因为祖父曾是地主,他受到了批斗。在那段年月里,组织上让她划清界限、分清是非,她说:“我不知道谁是人民内部的敌人,但是我知道,他是好人,他爱我,我也爱他,这就足够了。”于是,她陪着他挨批、挂牌游行,夫妻二人在苦难的岁月里接受了相同的命运。那一年,他 52 岁,她 50 岁。

许多年过去了,他和她为了锻炼身体一起学习气功。这时,他们调到

了城里，每天早上乘公共汽车去市中心的公园，当一个青年人给他们让座时，他们都不愿自己坐下而让对方站着。于是两人靠在一起手里抓着扶手，脸上都带着满足的微笑，车上的人竟不由自主地全都站了起来。那一年，他72岁，她70岁。

她说："10年后如果我们都已死了，我一定变成他，他一定变成我，然后他再来喝我送他的半碗粥！"

70岁的风尘岁月，这就是爱情。

这就是世间最伟大的爱。爱是一切的基础，是婚姻幸福的保证。爱是一种态度，因为有了这种态度，我们才会对我们所爱的对象产生很深的感情，才会将爱情进一步发展，从而享受到其中的幸福和快乐。

然而，爱是相互的，没有真情投入，就不会有真情回报。只有付出自己的爱才能赢得爱，才能架起家庭成员之间感情的桥梁。生活中，爱不仅是家庭成员前进和发展的精神动力，而且是建立亲密无间、和谐关系的基础。爱是一种巨大的力量，它能够对每一个人起到感化、塑造和激励的作用。

有一位著名的作家在他的作品中这样写道："爱是伟大的，衣物、房子等仅仅是用于衬托家庭之爱的装饰，即使把世界上所有最华丽的东西堆积起来都比不上一个美好幸福的家庭。因此，我将对自己的家庭更多地付出我的真爱，哪怕一点点，也胜过世界上最顶尖的设计师所能设计出的最精美的物品。”

爱是幸福的缔造者，同时也是问题的制造者，要想把爱变成幸福的使者，我们需要付出更多的努力。婚姻和家庭并不能真正维系爱，要让爱变成幸福的源泉，我们就要对爱有正确的认识，并保持积极的态度，学会经营和呵护爱，让爱变得成熟。

想想人生几十年，转眼即逝，如梦无痕。一直渴望能和自己相爱的人，在落日的余晖下携手看天边的浮云，看飘零的落叶，对自己来说，这就是最大的幸福。

爱是幸福的源泉，只要我们能够彼此珍惜身边的人，对他们付出我们的爱，我们就能从中享受到快乐和幸福。

爱一个人意味着什么呢？这意味着为他的幸福而高兴，为使他能够更幸福而去做需要做的一切，并从这当中得到快乐。

05 和谐家庭最快乐

家庭是社会的细胞，和谐社会离不开家庭和谐。家是最温暖的地方，是我们倾情释放的舞台。人们常说：“家和万事兴”，我们都希望自己的家庭是一幅完美和谐的拼图，夫妻相敬如宾，孩子活泼可爱，老人健康长寿，所有家人和睦相处，其乐融融。

男女走到一起结婚之后，便组成了一个家庭。要想让这个家庭和谐，发展壮大，就需要两个人的共同努力。

约瑟夫在一家洗衣店当了25年的送货员。这一年，由于竞争对手的快速发展,公司业务量下降,需要裁员,他被解雇了。

对于一个文化程度低,而又不具有任何技能的中年人来说,要重新找

一份工作是相当困难的,约瑟夫和他的妻子陷入了愁苦之中。正当约瑟夫夫妇为找不到新工作而一筹莫展之际,他们看到了自家附近一家面包店的出售广告。夫妇俩一合计,与其这样等着找工作,不如自己给自己创造工作机会。他们向面包店的老板打听价格,还算合理,于是一狠心将家里的积蓄全部投进去,把面包店买了下来。

约瑟夫太太明白,在生意没有稳定之前,他们是没有能力雇人帮忙的,一切只能靠自己。于是,她便与丈夫一起,全力拓展这份新的事业。那时候,她每天除了做家务之外,还必须在面包店里帮助丈夫招待客人。另外,她还要负责打扫面包店的卫生、清洗餐具等,每天晚上很晚才能回家休息,非常劳累。

但是,约瑟夫太太没有丝毫懈怠,她说:“虽然辛苦,但我却很高兴。因为我知道这是丈夫创业的一个重要机会,也是改善家庭生活条件的唯一选择。”

现在,面包店已经经营5年了,生意很稳定,利润也不错。

中国有句俗话:“百年修得同船渡,千年修得共枕眠。”组建一个家庭的确是很不容易,所以我们每个人都期盼自己的家庭幸福美满。然而,在

家庭生活中出现矛盾也是在所难免的,一旦出现就要努力解决。

对于不同的矛盾,要用不同方法解决。就是同样的一种矛盾,也会有多种解决方法。选择的方法得当,就能使矛盾得到很好的解决,或使矛盾趋于消失。如果选择的方法不对,也有可能使矛盾更加复杂化,使业已出现的矛盾更加扩大。

那么,如何才能构建一个和谐的家庭呢?婚姻专家指出,面对越来越纷繁复杂的家庭矛盾,夫妻双方需要注意以下几点:

第一,正确认识家庭的矛盾。

认识到家庭成员之间发生矛盾是一种正常的现象,对方生气时,提些"我做的什么事惹你生气了"、"我能为你分忧吗"之类的问题,可缓和气氛。

第二,要有忍耐性。

每个人都有缺点,当家人出现一些错误或过失时,要学会忍耐和宽容,这是平息家庭矛盾最有效的方法。

第三,彼此欣赏。

每个人都喜欢被欣赏,被称赞,尤其是被自己心目中重要的人称赞欣赏,这是一件非常快乐的事情。家庭里应该强调相互支持,相互肯定,家中的成员之间在平时应该充满着彼此鼓励的气氛。

第四,给对方空间。

每个人都渴望有亲密的家庭关系,也渴望拥有自己的私人空间。但这两者并不矛盾,而是完美的搭配。亲密使人感到被爱,有足够的空间使人感到身心舒畅。

和谐家庭是分享人生快乐的关键所在。唯有和谐,才能心情舒畅;唯有和睦,才能家大业大。"家和万事兴"有着朴实而深刻的内涵。

营造温馨和谐的家庭氛围,是每个家庭成员的共同需要和责任。只要用心去体味,用心去创造,就能不断打造出这样一种境界。我们都应该以真诚回答真诚,以理解换取理解,以心暖心,以爱赢爱。也只有这样,家庭才能在一种和谐、融洽的氛围下得以发展。只有家庭和谐了,家人才能感到温馨、幸福。

幸福的家庭都是相似的,不幸的家庭各有各的不幸。

06 永远保持希望

马丁·路德·金有句名言:“我们必须接受失望,因为它是有限的,但千万不可失去希望,因为它是无穷的。人生没有坦途,我们不能停止前进的脚步,因为未来在前方。那些幸福的人不一定是最成功的人,他们也经受过挫折和失败,但不同的是他们永远充满希望。”

在希望和绝望之间,生命的天平总是摇摆不定,只要增加希望的分量,便能保住生命,也就可以让天平的指针倾向有利于自己的方向。所以,在处世智慧中,维持希望是最明智的选择,而与绝望搏斗有可能使自己陷入绝境。

一位犹太拉比告诫人们时说:“我们必须勇敢,并且运用自己所具备的优良本质,借以生存下去,更要发挥这种能力来认识自己。我们的活动常常被恐怖、谨慎、懦弱及胆怯等因素控制着,所以我们最大的敌人是妨碍自己的本能,也就是与生俱来的‘欲望’和‘个性’。”

《塔木德》中还有一句话:“今天将要发生的事我们都还不知道,何必为明天而烦恼呢?”

“请问,你们是否看到一位美丽的小女孩?她的名字叫清清。”在四川汶川地震的救助现场,蓥华镇中学初一(1)班的班主任陈全红一直在打听着这个名叫邓清清的女孩子。这个出生贫穷的小女孩,有着一股子上进心,她家里虽然穷,但她的成绩却从来没有让人担心过,甚至经常在回家的路上，还打着手电筒看书，清清的行为总是让这个班主任感动。

每当看到一具具学生的尸体从乱石堆里抬出来，陈全红都痛心地说："一天前，他们还是活蹦乱跳的，怎么一下子就变成了这样呢？"

终于，邓清清被武警水电三中队的抢险官兵救了出来。让陈老师与官兵们感动的是，她在被救出来之前，还在废墟里打着手电筒看书，她说："下面一片漆黑，我怕。我又冷又饿，只有打着手电筒看书，手电筒的这点光就是我全部的希望。"她是那样的坚强，让听者无不动容。陈全红看到安然无恙的清清被抢险官兵救出来的那一刻，一下子就哭了，赶紧抱着清清连说："好孩子，只要你能活着出来，就有了希望。"

与邓清清一样，另一名被压在废墟里名叫罗瑶的女孩子在手脚受伤的情况下，一遍遍地哼着乐曲，靠着顽强的"钢琴梦想"激励自己不要入睡，直到被顺利救出。

这两个小女孩靠着对求生希望的执著，在生死关头赢得了生命。

乐观的人，在绝望中仍然抱有希望；悲观的人，在希望中还是绝望。世界上最残酷的事，莫过于扼杀希望。现实无论怎样严峻，只要未来有希望，人的意志都不易被摧垮。所以，无论身陷什么样的逆境，人都要永远保持希望，因为我们还有许多个美好的明天。在我们艰难的时候，我们应该在心中想象着一个阳光明媚的明天正在等待着我们。

人生有三重门，分别通往过去、现在和将来。这三扇门中的任何一扇都不可关闭，同时还要对每一扇门都存着希望，借着过去的经验，来把握现在、创造未来。人生的真正目的就在于此。

不知道大家是否记得《肖申克的救赎》这部电影，影片中，无论环境如何恶劣，主人公安迪总是充满希望，并为着这希望不断行动与创造。最难能可贵的是，他将希望传递给了别人，让大家燃起对生命对幸福的渴望。最初的蒙冤入狱，阴暗和恐怖并没有把安迪吓倒，他用两个月的时间沉默，思考，努力适应环境，他内心一直充满希望。他做监狱的图书管理员，做狱长私人助理，他教狱友读书，考取证书……即使在能够帮自己洗刷罪名的人死掉并受狱长威胁的情况下，他依然没有放弃，最终他逃出了监狱，并惩罚了恶劣的狱长，给本来出狱后绝望的班德以希望，让他重新爱上生活。安迪在写给瑞德的信中曾说到这样一句话："希望是一种美好的东西，而美好的东西是永不会消逝的。"

生活不受我们的控制，有阳光普照的日子，也会有阴雨连绵的天气，所以事情既然已经成为过去，谁也没有办法。但我们可以用未来去补偿，只要不失去希望，人们就一定能随心所欲地创造未来。

在台湾作家三毛的作品里，曾有一位弹奏三弦的盲人，他渴望在有生之年看看世界，但是遍访名医，都说没有办法。有个道士对他说："我给你一个保证治好眼睛的药方，不过，你得弹断 1000 根弦，方可打开这张方单。在这之前，不能生效。"于是，盲人开始了尽心尽意地以弹唱为生。一年又一年过去，在他弹断第 1000 根弦的时候，他将那张永远藏在怀里的药方拿了出来，请明眼人代他看看上面写着的是什么药材，好治他的眼

睛。明眼人接过来一看，说："这是一张白纸，并没写一个字。"盲人听了，潸然泪下。突然，他明白了那道士"1000 根弦"背后的意义。就为着这个"希望"，支持他尽情地弹奏下去，而匆匆 53 年就如此活了下来。

捷克作家哈维尔有一段关于人生观的话："我不是乐观主义者，因为我不能肯定事事都有美好的结局；我也不是悲观主义者，因为我不能肯定每件事的结局都不好。我只是心怀希望……"

不管遇到了什么样的打击和挫折，也不管情况是怎么样的严峻，只要我们知道和明白未来还有希望、还有明天，只要自己的意志不被困难和压力所击倒，我们就能站立起来。有了希望，对于所有的事物，我们都会用一颗平和的心态去看待和理解。希望还是一种良药，它能治疗狂妄和消沉。

因此，在困难面前决不要灰心、气馁，永远保存着希望而顽强地生活。生命有限，但希望无限，只要我们每天不忘给自己一个希望，人生就会变得更幸福、更有意义了。

当你能够感觉你愿意感觉的东西，能够说出你所感觉到的东西的时候，就是非常幸福的时候。

07 幸福在哪里

每个人都在不停地追求着幸福，但人间的幸福到底在哪里？是在眼前，还是在无限的天边？是在充斥衣兜、箱柜的钱堆里，还是在显赫的权位上？

不，不，都不是。美国哲学家艾玛尔逊说："幸福用钱是买不到的，它蕴藏在男女内心深处，是一种珍贵的感情。这种感情可以在任何时候、任何地方感觉得到。它与金钱及权势并无必然的联系。"

幸福在哪里？其实这个问题，就像"人为什么活着"一样，对答案的探寻，是对人生的深层次剖析，想找出人之所以为人的原因，让我们的人生更快乐。幸福可以说是生活历练后的内敛，经历大风大浪后的人，心胸才能更宽广，更豁达，更洒脱。人越淡泊，心越随性，人的幸福感越强。幸福感是从心底里满溢出来的，在心底某个地方，因被感动，因所愉悦，而向浑身散发满足的感觉。

有一个青年，婚后有了孩子，在别人眼里，这是一个非常美满幸福的家庭。然而，他总觉得自己的家庭与他见到的豪门望族相比，显得太土气了。于是，他告别了妻儿老小，终年奔波于各地，处心积虑地挣钱。年长日久，他妻子感到家庭毫无生气，尽管有了更多的钱财，却无异于生活在镶金镀银的坟墓中。孩子长大了，却不知道叫爸爸。后来，爸爸终于回来了，可是却变成一个衣衫褴褛、垂头丧气的人。他在一次大赌博中破了产。孩子望着这位泪流满面的“叔叔”，惊异地说：“要饭的，我妈妈不在家，待会儿，她买好吃的回来了，再给你吃吧！”

妻子终于回来了。她是一位忠厚、贤惠的妇人，丈夫走时除了留下些钱外，留给她的更多的是无尽的悬念、牵挂。孩子醒时，她要精心照看；孩子睡了，她把含泪的目光定格在天花板上，心被空虚和担心咬噬着。别人的家庭笑语欢声，而她的家里却冷清沉寂。她那失神的目光落在丈夫的脸上，无须一句话，一切都明白了。

丈夫像孩子似的扑进妻子的怀里，泣不成声地说：“完了，一切都完了，我的心血全被那帮赌徒吸干榨尽了，我没有活路了，我的路走完了，我后悔死了。”

妻子仔细听完丈夫详尽的叙述和痛心疾首的表白后，用手轻抚他的头发，脸上露出了许久以来从未有过的微笑。她说：“不，你的心终于回来了。这是我们全家真正幸福生活的开始。只要我们辛勤劳动、安居乐业，幸福还会伴随我们。”

从此以后，夫妻二人带着孩子辛勤劳动，用自己的汗水换来了丰硕的成果。尽管他们的生活并不奢华，但爱的心愿充溢着他们的心房，欢乐的歌声在屋内回荡，幸福溢满胸怀，美好的前程宽广无量。太阳的光辉照亮了大地，他们打开窗户，让绚丽的阳光射进小屋，这是幸福的阳光，它照亮了人们的心房。然而，只有懂得生活真正含意的人，才会感受到它的温暖。

有这样一个例子：二战以来美国人的收入连翻三倍，大约有三分之一的人在1950年接受调查时说他们“非常快乐”，现在这个比例并没有明显变化。世界变得越来越富足，不过人们的幸福感并没有像财富一样增长。这种现象可以用“适应效应”来解释：人们对生活水准的提高很快作出心理调整，就像中彩票兴奋一段时间以后，又会回到原有的幸福感水平一样。

其实，我们大多数人追求的幸福是相对的。换句话说，只有在自己比他人得到更多时，我们才会有更多的幸福感。生活在农村的人与生活在城市的人，平均收入肯定有较大的差距，但拥有幸福感的人群比例，差距却很小。我们常问自己“我的房子是不是比邻居的更漂亮”，而不是“我的房子是不是够用”。

人们对待财富往往不能心平气和，所幸财富也不是快乐的唯一源泉。在财富满足基本生活所需之后，它对生活的乐趣没有多少真正的影响。那些能让人感到幸福，比如爱、家庭、朋友等，都不是钱可以买到的。

所以，钱不等于幸福，幸福的宝塔并不是用钱堆起来的。人生真正的幸福和欢乐浸透在亲密无间的家庭关系中。

幸福密码

达到生活中真实幸福的最好手段，是像蜘蛛那样，漫无限制地从自身向四面八方撒放有粘力的爱的蛛网，从中随便捕捉落到网上的一切。

08 幸福就在身边

现实生活中，人人都在努力追求着幸福。其实，幸福就像空气一样，时时刻刻存在于我们的周围，因此说，幸福无处不在。然而，幸福却不是有了钱便能满足的，或任意一个人都能品尝体会得到的，因为真正的幸福美满是那些不能用金钱去衡量的智慧和修养。不然的话，富人今天个个都是快活神仙了。

有个叫杜朗的人不知什么是幸福，于是发誓要寻找到幸福。

他先从知识里寻找，得到的是幻灭；从旅行里寻找，得到的是疲劳；从财富里寻找，得到的只是争斗和忧愁；从写作中寻找，得到的却是劳累。

难道知识、旅行、写作，与幸福快乐绝缘吗？显然不是，这是杜朗的心态出了问题。后来，他改变了自己看待幸福的态度，就有了幸福的新发现。

在火车站里，他看到一位中年男子走下列车后，径直来到一辆汽车旁，先吻了一下车内的妻子，又轻轻地吻了一下妻子怀中熟睡的婴儿，生怕把他惊醒，而男子脸上充满了幸福感。很快，一家人就开车离开了。杜朗由此感慨到：其实，生活中的每一项正常活动都带有某种幸福的成分。

对于某个人来讲，你可能是幸福的、满足的，也可能是不幸福的。

心理学家说：幸福与心态的积极与否密切相关。如果一个人的心态是积极的，那么他就能得到幸福。而心态消极的人不仅不会吸引幸福，相反还排斥幸福。即使幸福悄然降临到身边时，也会毫无觉察，或者失之交臂。

有这样一个故事：

一个人历尽艰险去寻找天堂，终于找到了。当他欣喜若狂地站在天堂门口欢呼“我来到天堂了”时，看守天堂大门的人诧然问他：“这里就是天堂？”欢呼者顿时傻了：“你难道不知道这儿就是天堂？”

守门人茫然摇头：“你从哪里来？”

“地狱。”

守门人仍是茫然。欢呼者慨然嗟叹：“怪不得你不知天堂何在，原来你没去过地狱！”

你若渴了，水便是天堂；你若累了，床便是天堂；你若失败了，成功便是天堂；你若是痛苦了，幸福便是天堂。可以说，天堂是地狱的终极，地狱是天堂的走廊。当你手中捧着一把沙子时，不要丢弃它们，因为金子就在其间蕴藏。

在生命的旅程中，幸福是一份特别的礼物。幸福需要用心去发现、体验和感受。幸福来自于对生命真谛的深刻感悟。也许每个人对幸福的理解不尽相同，但幸福绝不是贵族的专利。幸福来自于对自身局限性的知晓，来自于善于满足、常怀感恩的心情，来自于身心的完美、和谐、统一。

许多人在生活“太顺利”的时候会感到无法接受，他们渴望刺激，同时也给自己平添许多烦恼。他们总认为自己应该过比现在更好的日子。于是，他们开始细数自己所欠缺的东西，而这往往又加深了他们遗憾的程度。

其实，我们拥有的东西已经很多了。我们之所以不满意，之所以痛苦，是因为我们在比较的过程中片面地夸大了别人所拥有的，而将自身所拥有的许多宝贵的东西忽略了。

幸福其实也是一种心境，是一种知足，学会满足，找到这种境界，就会明白，幸福感的获得并不需要花钱。欲壑难填，时时被名利缠身，处处在你争我夺，何谈幸福？常言道，“人心足，处处福”，在知足的心态下，便不会好高骛远，身心就会倍感轻松。

身体健康，家庭和睦，孩子平安，婚姻美满……这些本来就是你所拥有的。不必忧愁，不必烦恼，因为你所拥有的东西也正是让你幸福的源泉。说不定，当你羡慕别人时，又有人在羡慕你。所以，珍惜你的一切幸福、快乐，就是对人生最好的馈赠。

幸福密码

如果我们不能建筑幸福的生活，我们就没有任何权力享受幸福；这正如没有创造财富就无权享受财富一样。

09 内心的快乐才是永远

有一位年老的父亲，他有两个儿子，他们都很可爱，但哥哥的性格过于悲观，而弟弟的性格又过于乐观。父亲想改造一下他们的性格。正巧，圣诞节来了，父亲给他们分别买了不同的礼物，在夜里悄悄地把它们挂在圣诞树上。

第二天早上，哥哥和弟弟都来到圣诞树前，想看看自己得到了什么样的礼物。哥哥的圣诞树上挂了很多礼物，有漂亮的自行车、好玩的气枪、崭新的足球。可是哥哥并不高兴，反而很发愁的样子。父亲问他为什么不高兴，这些礼物不好吗？哥哥说："这些东西会给我带来麻烦的。你看这辆自行车，虽然它很漂亮，但我骑出去可能会撞在路边的树上；再看这把气枪，我如果拿出去玩，可能会把邻居的玻璃窗户打碎，那可太糟糕了；至于这个足球，可能很快就会被我踢爆，或是被路上的碎玻璃扎破。真是没什么可高兴的！"父亲听了无言以对。

而弟弟在一边正兴致勃勃地打开一个小纸包——那是他的圣诞树上唯一的礼物。纸包打开后，里面居然是一包马粪。父亲等待着看他失望的表情，却没想到这个男孩高兴地尖叫起来，而且一脸兴奋地在屋子里跑来跑去，似乎在寻找什么。父亲问他有什么可高兴的，弟弟说："我的圣诞礼物居然是一包马粪，你知道这意味着什么吗？我敢肯定我

们家藏着一匹小马。我一定要找出来！"最后，他果然在屋后找到了一匹小马驹。

父亲笑着说:“这真是个快乐的圣诞节呀!”

其实,生活中,我们每个人都应该像故事中的弟弟一样,内心充满阳光,时刻都能看到快乐和希望。

随着生活节奏不断地加快,每天总有做不完的事,除此之外,社会竞争的加剧,来自生活、工作、学业、家庭等各方面的压力已经压得人喘不过气。于是,在忙忙碌碌、浑浑噩噩间,快乐离我们的心越来越遥远,心理疾患也开始产生,幸福感骤然下降。

我们的心灵需要快乐,所以我们的心灵更需要呵护!

防止心灵受到污染,就得摆脱使你的生活变得错综复杂的那些恼怒。

其实,一个人的幸福与否,往往是取决于他的心境。如果我们用外在的东西,换来了心灵的平和,那无疑是获得了人生的幸福,这便是值得的。只要善于调整心态,就能抛开阴影,开创一片新天地。

有一个偏远的小山村,以前这里的居民大都是靠打猎为生。很多人都不识字,只有一位老人能够看书识字,大家称他“先生”。这位先生生活严谨、不苟言笑,每天在家看书,或者教村子的一些孩子识字。

有一天,村里一位猎人发现这位平日神情严肃的先生在与一只小鸡游戏,他此时像换了一个人似的,兴高采烈的,猎人对此感到很奇怪。

于是,猎人带着疑问去问这位先生,先生反问道:“你为什么不把弓带在身边,并且时刻把弦扣上?”

猎人回答道:“天天把弦扣上,那么弦就失去弹性了。”

先生便说:“我和小鸡游戏,理由也是一样。”

其实,我们的心就和猎人手里的弓和弦一样,如果天天把弦扣上,我们的心就失去了弹性。生活需要调剂,给自己的心一点空间,你的生命才更有质感,要知道,活着,快乐很重要。

文森特是一个很快乐的人,一天,切克去拜访他。文森特笑呵呵地听她提问。

切克问:“假如你连一个朋友都没有,你还会高兴吗?”

"当然,我会高兴地想,幸好我还有自己。"

"如果你被人莫名其妙地打了一顿,你还会开心吗?"

"是呀,我会想,还好没被他们杀害。"

"假如医生给你拔错了牙齿,你还会高兴吗?"切克问道。

"当然,我会高兴地想,幸好拔错的只是一颗牙,而不是我的内脏。"

"假如你的妻子背叛了你呢?你还高兴得起来吗?"

"我会想,幸好她背叛的只是我,而不是国家。"文森特回答。

"假如你失去了生命,你还能高兴吗?"切克问道。

"当然,我会想,我开心地度过了我的一生,就让我跟着死神,高兴地参加另外一个宴会去吧。"

切克彻底折服了:"这么说,生活中没有什么是令你痛苦的,生活永远是一串快乐的音符吗?"

"是啊,只要你愿意,你就会在生活中发现和找到快乐——痛苦不请自来,而快乐却需要我们自己去发现。"文森特快乐地说道。

还有这样一个故事:终南山麓,水丰草美。在这一带出产一种快乐藤,凡是得到这种藤的人一定会喜形于色、笑逐颜开,不知烦恼为何物。曾经有一个人为了得到快乐,不惜跋千山涉万水,去找这种藤。不想他历尽千辛万苦来到终南山麓,虽然得到了这种藤,却仍然不快乐。这天晚上,他在山下一位老人屋中借宿,面对皎洁的月光,不由慨然长叹。他问老人:为什么我已经得到了快乐藤,却仍然不快乐?老人一听乐了,"其实,快乐藤并非终南山才有,而是人人心中都有,只要你有快乐的根,无论走到天涯海角,都能够得到快乐。"

快乐的人,往往是一些永远快乐且充满希望的人。无论遇到什么情况,快乐的人脸上总是带着微笑,心平气和地接受人生的变故和挫折。这就是乐观的生活态度。乐观对人就像太阳对植物一样重要,乐观就是人心中的太阳。

的确,人生一世,草木一秋,能够快快乐乐开开心心地过一生,相信这是每个人的梦想。可心灵也是最柔弱最细腻的，如果你不懂得去呵护自己的心灵，你就不可能求得快乐，而一旦你的心灵得到关爱，你就可获得无上快乐。说到底：内心的快乐才是永远。

幸福并不在于外在的原因，而是以我们对外界环境的态度为转移，一个吃苦耐劳惯了的人就不可能不幸。

畅销全球的成功励志经典

百年励志经典

1. 羊皮卷
2. 沉思录
3. 一生的忠告
4. 责任胜于能力
5. 习惯决定成败
6. 你在为谁工作
7. 态度决定一切
8. 工作中无小事
9. 做最好的自己
10. 细节决定成败
11. 致加西亚的信
12. 从优秀到卓越
13. 破解幸福密码
14. 每天进步一点点
15. 选择比努力更重要
16. 有想法更要有办法
17. 高调做事低调做人
18. 主动选择敢于放弃
19. 父母是孩子最好的老师
20. 世界上最伟大的推销员
21. 易经的智慧
22. 老子的智慧
23. 孔子的智慧
24. 富人为什么会富
25. 哈佛家训大全集
26. 永恒的处世之道
27. 做人要内方外圆
28. 三十六计典藏本
29. 孙子兵法典藏本
30. 曾国藩处世绝学
31. 胡雪岩的启示全集
32. 小故事大智慧全集
33. 你的时间价值百万
34. 卡耐基经典商务礼仪全集
35. 卡耐基好口才打天下全集
36. 卡耐基突破人性的弱点全集
37. 卡耐基经典的为人之术全集
38. 卡耐基经典语言的突破全集
39. 卡耐基人性的优点经典全集
40. 塔木德——犹太人的创业与致富圣经